光 明 城
LUMINOCITY

看见我们的未来

当代建筑思想评论 _ 丛书

book series of contemporary

architectural thoughts

and critiques

不分类的建筑 2

胡恒 著

同济大学出版社

TONGJI UNIVERSITY PRESS

前言

五年前，我出版了一本小册子《不分类的建筑》，里面收入了几篇我写的文章。因为发表的刊物类型差异颇大，所以在构思书名的时候，我想到"不分类"一词。另外一个原因是，这些文章都与建筑史上的先锋派相关。他们一贯我行我素，漠视规则；建筑对他们来说，就是画画、雕塑、思考、写作和教学，或者某种抽象的生活方式。这种品性是我的心头所好，也很符合"不分类"的含义。我想，那个书名应该是合适的。

现在，又有机会出本小册子。我点算了下计划收入的文章，觉得"不分类"还是很合适。但它的含义与之前不太一样。这批文章基本都发表在建筑刊物上，和先锋派也没有什么关系；这一次，"不分类"回到写作本身。它指的是，研究建筑的方法无需分类。近几年来，我做了一些试验，用诺拉的记忆概念来分析建筑事件，用拉康的精神分析理论来讨论城市及建筑师，用福柯的话语概念来梳理建筑文本，用游记体来"描绘"台湾这片异样之地。人文理论介入建筑研究，并不新鲜，多有先例，比如维德勒写的海杜克，埃森曼写的特拉尼。只是，这些文章多少都有点"硬"，并不令人满意。我希望能在理论与对象之间创造出一些更舒服的关系。因为，在我看来，理论模型与对象的"混搭"，并不是一种高级的知识游戏，划出一块自留地，闲人免进；相反，它是对想象力的考验。两个精彩的东西碰撞在一起，产生的应该是一种更灿烂夺目的光彩，既属于理论，也属于建筑。它能够跨越狭隘的知识界限与可笑的学科自治性，为更多的人所感知。所以，"不分类"的方法最终产生的，是"不分类"的读者。

希望这本小册子可以被"不分类"的读者读到，这将是对书中"不分类的精神"的肯定和延续。

胡恒

2015-03-10

目 录

前言

1   重建"遗忘之场"___013

2   建筑的 100 种死法 ___027

3   寻找"回归者"——一种建筑评论方法 ___041

4   当他们谈论现代建筑时, 他们在谈论什么？___055

5   三顾宜兰 ___075

6   遥远的目光 ___089

7   不可能的关系 ___103

8   建筑与"黑暗经验"___123

9   故事三则 ___131

10   对话：西扎的意义 ___145

1

重建

"遗忘之场"

重建“遗忘之场”

历史与遗忘

在短文《长城和书》(*The Wall and the Books*)里，博尔赫斯（Jorge Luis Borges）分析了秦始皇焚书所具有的形式感：其内容是特定的（所焚之书不包括农、医、卜的典籍）；其方式是暴烈的（焚烧、坑埋）；其目的是社会性且不可公开的；其遗忘的结果常常是失败的。它因规模的巨大而成为一种象征。在另外一篇文章《纳撒尼尔·霍桑》(*Nathaniel Hawthorne*)中，博尔赫斯列举了发生在欧洲和美国的类似事件。他总结道，“废止过去的企图古已有之，不可思议的是它恰好证实过去是不可废除的。过去是无法销毁的；一切事物迟早都会重演，而重演的事物之一就是废除过去的企图。”[1]

显然，在博尔赫斯看来，秦始皇焚书的主题不在简单地否定过去，而是清除关于过去的记忆。其内涵远远超出了文学、历史事件的范畴。它是对“记忆”与“集体遗忘”这一对史学概念的演绎。其动机“古已有之”，且形成了一个连续的事件系列——

1　博尔赫斯. 探讨别集. 王永年等译. 杭州：浙江文艺出版社, 2008：75.

它还是该系列的原型和起点。

无论是否受这些文学家们（博尔赫斯、霍桑等）的启发，记忆与集体遗忘逐渐进入专业历史学家的视野，成为正式的史学命题。从 20 世纪 70 年代开始，关于"记忆与集体遗忘"的研究，在蔚为大观的记忆史洪流中得到充分的展开。

乔治斯·达比（Georges Duby）的《布维纳的星期天》（*Le dimanche de Bouvines*, 1973）是记忆史的开山之作。在这本书中，达比追溯了著名战役布维纳之战在七百年间发生的一连串记忆与遗忘相互角力的"游戏"。他发现，记忆的历史和遗忘的历史同等重要，并且常常接踵而至。布维纳之战在某些时段里被重拾、解读，并冠以各种象征：上帝的荣光之战，士兵的勇气之战，法军与德军的民族之战；而在另一些时段里，它又被抹去，似乎从来不曾存在。这些交叉出现的记忆期与记忆空白期（集体遗忘期），背后都有相应的支配因素和现实理由。比如，从 19 世纪到 20 世纪，布维纳之战被赋予民族胜利的意义——法国人第一次战胜德国人，它甚至比贞德更重要。而在 1945 年之后，对该事件的记忆再一次消失，因为欧洲正走向一体化，德法不再是仇敌。

亨利·卢索（Henry Rousso）所著的《1944 年至今的维希综合症》（*Le Syndrome de Vichy*, 1987）被认为标志着"法国记忆史的确立"。它延续了乔治斯·达比对集体遗忘的关注，并有进一步推进。在这本著作里，卢索将战后对维希政府的历史记忆分为四个阶段："哀伤"期、"记忆抑制"期、"明镜破碎"期、"记忆困扰"期。其中第二个阶段"记忆抑制"期就是一个集体遗忘时期——法国人希望告别痛苦的过去，所以将维希政府的历史记忆抹去，只单纯接受戴高乐所营造的抵抗运动神话。和达比相似，卢索对记忆与遗忘的区间划分非常细致，在对遗忘的动因追溯（破解民族神话）方面也同样不遗余力。不同的是，卢索更关注"遗忘的技术"。对特定的历史记忆如何实施成功的集体遗忘是该书的要点：偷换记忆内容，放大不重要的历史细节，移植貌似合理的历史逻辑，彻底清洗一些关键的历史信息等。

皮埃尔·诺拉（Pierre Nora）的《记忆场所》（*Les lieux de mémoire*）是法国记忆史的集大成之作。其"记忆的场所"理论是对遗忘、记忆两者关系的方法论层面的阐述。诺拉认为，历史和记忆一直处于双向运动的状态：历史在"绑架"记忆，记忆在变换形象求得生存。"记忆的场所"就存在于该双向运动所形成的空位中，它是"记忆之海退潮后留下的贝壳"。[2] 换言之，历史通过"歪曲、转变、塑造和固化"（这都是遗忘的若干变体）记忆，而造就寓有记忆的"场所"。[3] 记忆的场所，是记忆的"残迹"，是集体性遗忘的结果。在诺拉看来，历史学家的工作就是去寻找记忆的"残迹"，确定"记忆的场所"的位置，建构这一"场所"，赋予它从未被阐述过的意义，最终，"说出比它们本身更多的东西"。[4]

寻找记忆之场的痕迹，建构记忆之场，是诺拉历史研究的起点与终点。这也是前两位历史学家未曾涉及的。因为记忆的场所同时也是遗忘的场所，所以，对遗忘的痕迹的探寻常常成为这个起点的第一步。

总的来说，这三本书（以及这三位历史学家）包含了两种对待遗忘的史学态度。在乔治斯·达比和亨利·卢索那里，遗忘是记忆所对抗的对象。或者说，它是记忆的特殊形态。它是隐蔽的，本身亦被"遗忘"（卢索命名为"记忆抑制"）。它是历史结构的一部分，是记忆研究要挖掘的内容。没有对遗忘的重显，记忆研究就不完整。对诺拉来说，正好相反，记忆是遗忘的某种结果，是"残余"。"记忆缺失是集体性记忆的基本构成"。[5] 遗忘总是先于记忆。它甚至还是记忆的开端，是某种隐匿的心理

2　沈坚. 记忆与历史的博弈：法国记忆史的建构. 中国社会科学, 2010(3)：217.

3　同上。

4　同上：218.

5　Hue-Tam Ho Ta. Pierre Nora and France National Memory. The American Historical Review, Vol.106. No.3.(Jun., 2001): 919.

源头，是历史结构得以成形的内因。所以，历史学家对记忆的研究应该从遗忘开始——它是建构记忆之场的阿里阿德涅之线。

当然，历史学家对"遗忘"的热爱，一方面是因为自 20 世纪70 年代以来"记忆史"研究的繁荣，另外一个或许更为重要的原因是，遗忘是构成当下现实感的主要成分。对集体记忆的清除是古往今来的社会恒常状态，无处不在，无时不在，直接影响着每个人的生活。所以，遗忘事关过去，也涉及现在。正如法国人对维希政府，"曾经为了生存而选择对大小事情妥协，并将之遗忘，但当下仍然要重新面对过去"。[6] 记忆研究（或者说建构记忆之场），最终指向生活，指向主体自身。"重新面对过去"，并非简单的历史清算，它是一种自我反思，对历史与自我之间关系的反思。研究遗忘（或者说建构遗忘之场），正是反思的有效途径。追究其内容、方式及原因，可以还原历史，还能让我们更为透彻地理解现在，理解主体存在的意义。

遗忘的三种形式

集体遗忘总有其社会层面的原因。秦始皇将三千年的思想付之一炬，是想要重新开始历史，让帝国永恒地存在下去。戴高乐清除维希政府的历史记忆，是不希望它破坏抵抗运动在民众心目中的崇高地位和精神象征（实际上，维希政府在当时受到大多数法国人的拥戴）。无论是前者的粗暴直接，还是后者的隐蔽婉转，它们的目的都一致——在现在与过去之间划出一道鸿沟。因为在"大他者"（这里借用一个精神分析的概念，即现实的符号秩序）看来，某些历史记忆干扰了它所希望建立的现实秩序，必须被剔除出这个秩序。

6　Hue-Tam Ho Ta. Pierre Nora and France National Memory. The American Historical Review, Vol.106. No.3. (Jun., 2001): 919.

但是，遗忘并非易事。将现在与过去割裂开来，通常需要付诸事件的形式。或许是因为事件所具有的爆炸力能够破坏记忆统一体的连贯密实，亦或是现在与过去之间已经出现裂痕，事件只是必然反映。秦始皇意图遗忘一切历史记忆，所以他付诸的事件形式最为暴烈。类似的还有博尔赫斯提到的17世纪中叶英国伦敦塔档案焚烧计划。这些事件不只要将现在和过去分离，更要彻底抹掉过去，让历史始于此刻。

火焚只是遗忘"工程"的一部分。博尔赫斯认为，秦始皇另一个行为也是该工程的必要一环——修建长城。焚书是时间上的中断，筑城则是空间上的界定。前者是记忆的清除，后者关乎记忆的重塑。它们接踵而至，实现了历史的全新开始。同时，两者也构成了遗忘的完整形态：清除／重塑；时间／空间。

当然，秦始皇开创新纪元的模式并不多见。无论是火焚还是筑城，它们都已成为某种神话般的符号。现实中更普遍的是局部的遗忘，有选择的记忆清除。与秦始皇的"大遗忘"相对，局部遗忘可被称为"小遗忘"。它们的结构相似，但是后者的形式表现和其目的一样，隐晦不明，曲折多变。

和"大遗忘"不同，记忆清除在此只是前奏。简单的场所拆除和知识过滤能够毁掉记忆的大部分物质形式，使记忆统一体出现裂口。那么，如何填充这一裂口，就是第二步工作——记忆重塑——的内容了。以什么样的记忆虚构物填充记忆统一体的断裂处，以何种方式将之嵌入其中，连贯起该统一体的外貌，使现实的符号秩序得以顺畅地运行，这些是"小遗忘"的要点。它没有火焚事件的爆炸性效果，而依赖于一套精密的、四通八达的微型程序。它和日常生活融合在一起，悄无声息地实施着集体记忆的再造。

亨利·卢索研究的20世纪50年代对维希政府的"记忆抑制"即是"小遗忘"的一例。其目的在于塑造一种抵抗运动的神话：维希政府只是个丑陋的历史插曲，它由法国的极少数投降派、纳粹德国的走狗建立，而大多数法国人都是以戴高乐为代表的抵

重建「遗忘之场」

长城。鲁雯济 摄

抗运动拥护者。所以，在法国的自由精神史上，这段小插曲不足挂齿，可以被直接忽视。到70年代中期，这段记忆得以重新反思。新的研究发现，维希政府是法兰西共和国内部保守势力和新法西斯派力量的延续，实际上它最初得到了大部分法国人的支持。在二十余年里，历史的真相被成功抑制，虚构的记忆内容通过报刊、文学作品、史学研究、电影电视等媒介全方位地渗入每个人的知识系统，重构了法国人的记忆地图。

我们可以看到，"小遗忘"的第一步（记忆清除）尚留有一些"火焚事件"的影子，比如纪念物的捣毁和纪念空间的改造，罗伯特·贝文（Robert Bevan）在《记忆的毁灭——战争中的建筑》一书中，作者列出了大量同类案例[7]。相反，第二步（记忆重塑）的潜在运作是非事件式的，甚至是反事件式的，它尽可能地使自己隐身，不被人察觉。不过，两者互为补充，将"遗忘"的任务最终达成。

对于大多数"小遗忘"来说，其内容多少都有些创伤性质。在强大的遗忘技术的作用下，记忆的内容被抹去并不困难，但是创伤内核依然存在。它总会以某种方式返回——历史就是无尽的回返。创伤内核的回返有两种形式，记忆的介质（按诺拉的说法，就是那些记忆的承受者）在其中起着关键的作用。如果此介质已然消失，那么创伤内核大抵返回到研究者（还有不可预知的读者）身上；如果记忆介质还在，创伤内核的返回就会超出知识活动的范围，直接进入现实世界，干扰现实秩序的展开——这就是第三种遗忘，特殊的"小遗忘"。它离我们很近。

在第三种小遗忘中，遗忘程序的第二步（记忆重塑）遭遇了阻击。因为面对活生生的记忆介质，遗忘术必然失效。即，创伤主体的在场，会使得记忆替换无法实现。正如普鲁斯特（Marcel Proust）在《追忆逝水年华》最后一卷中写道，"对记忆来说，被回忆的痛苦或冲突能够被对象化，而当下的痛苦则不能"。"当

7　罗伯特·贝尔. 记忆的毁灭——战争中的建筑. 魏欣译. 北京：三联书店，2010.

下的痛苦"，就是创伤之于记忆介质。它不可能成为客观的"对象"，比如书的研究主题之类。它已内在于主体，是生命的一部分。历史学家安托万·普罗斯特（Antoine Prost）也有相似的论述，他认为随着经历过世界大战的老兵们一个个逝去，凡尔登会失掉其作为记忆之场的资格。

当记忆重塑遇上"当下的痛苦"，"对抗性记忆"就此产生。创伤内核随之返回，以某种形式表明记忆此刻的绝对存在。遗忘"工程"被迫中止，现实的符号秩序的运转受阻，最终激化为某种"对抗性"事件。

在原始的历史事件、记忆清除事件之后，这一"对抗性"事件是遗忘的第三种事件形式。它是第三种遗忘所特有的。它的存在使历史学家的工作（对记忆之场的构建）变得复杂起来，因为它将产生一种新的遗忘地点，创伤内核回返的地点。

遗忘的地点是遗忘之事件的发生地。它是事件的空间属性。正如前文论述的，时间／空间两个要素构成遗忘的完整形态，原始事件的地点（地点 1）和清除事件的地点（地点 2）大体相合。历史事件转瞬即逝，但是记忆却可环绕该场所，久久不去。它会寄托在那些建筑、景观、雕塑，甚至一草一木身上，正如废墟、遗迹常常引发思古之幽情。清除事件固然会破坏这些记忆残留物，但也是对其历史意蕴、历史气息的进一步加深。即便那些物质载体全部消失，这些气息也不会随之散去，它会沉入地底，凝结在空气中，等待召唤——比如下一次纪念行为、对记忆之场的建构等。

相比地点 1 与地点 2，"对抗性"事件的地点（地点 3）较为隐晦。创伤内核的返回曲折难辨，它常常落在并不直接相关的地方。就像人的创伤性记忆的再现一样，它会经过凝聚、移植等一系列程序，改头换面地出现。所以，"对抗性"事件也非简单的对抗记忆清除，它对抗的是现实秩序在实施"遗忘工程"之后所获得的幻象的顺利布展。它有可能出现在任何现实秩序失灵的关节点上。我们只能在它出现的时候捕捉到它。

对第三种遗忘的研究，和精神分析中对梦的解析有许多相似之处——我们也是在精神疾病（心理与身体的功能障碍）发生之后，再回溯性地寻找创伤性记忆的时间、地点、内容、角色，进而解码这一记忆制造出精神／身体功能障碍的诸般机制，如此等等。

重构"遗忘之场"

我们已经谈到了三种遗忘（大遗忘；小遗忘；记忆介质在场的小遗忘），三种相关的事件（原始的历史事件；记忆清除事件；"对抗性"事件），还有对应的三种地点（地点1；地点2；地点3）。

因为第三种遗忘，记忆研究面临着新的挑战。在此，历史延伸到现实领域。研究已经不再是从历史到历史——拨开历史的迷雾，还原历史的"真相"，而是探询历史对现实的作用（以及反作用），重新反思历史对于现实的意义。这一研究是回溯式的，甚至是多方向的。我们一方面要在现实中寻找历史留下的痕迹（记忆清除事件与地点2），另一方面还要从现实中寻找返回历史的新入口（"对抗性"事件与地点3）。

我们所熟知的历史的知识规则在此已然无用。因为，一旦历史进入现实，它就不再是一个对象化的客体。它成为一股力量，加入现实世界。记忆、遗忘等概念，不再只是知识游戏中的一般角色，它们将在历史与现实的博弈中被重新定义。创伤内核的介入使得这一博弈更为复杂难测。第三种遗忘不存在普遍特征，它处在变化之中。

地点3的出现，意味着对"遗忘之场"的建构的开始。这一"遗忘之场"不是悼亡、怀旧之场，而是历史与现实的角逐之场，其中充满了对抗与博弈。一般而言，历史的作用总会屈服于现实的符号秩序的强大规训功能之下；但创伤内核与历史介质的在场，常常翻转这一不平衡的格局。它像导火索，点燃那些已经白热化的矛盾火种，使之突破临界点，引发连锁的失控状况。

在此，第三种遗忘遭遇阻击。它会暂时性地失败。现实的符号秩序所实施的幻象布展出现局部阻塞——我们看到的，就是一些无法解释的怪异之事。但是，这一切很快都将过去。随着记忆介质（创伤主体）的逝去，遗忘工程最终还是会实现，创伤内核也会再度漂浮出来，寻找下一次回返的机会。

相对于历史长河，这段时间如白驹过隙，并不引人注目。但它却是一个可以重建"遗忘之场"的瞬间。只有捕捉住它，记录下它的位置、相关要素，我们才能回溯式地梳理出隐藏其间的各项因果关联，在垂直贯通的时间隧道中还原那几不可见的蝴蝶效应，进而精密地描绘出历史与现实的战争地图。

这张地图正是有待重建的"遗忘之场"。其主角不是所谓的历史的胜利者或失败者，而是当下的时间与介入其中的历史分子。它要记录的是两者之间的"紧急状态"。正如本雅明在《历史哲学论纲》一文中写道，"我们生活在其中的所谓的'紧急状态'并非什么例外，而是一种常规"。[8] 当然，这一"紧急状况"是不可见的，它是平静的生活表面下的暗涌。"紧急状态"只存在于这张战争地图之上，它在地图绘制过程中逐渐显影。在绘制者的笔下，人的形象很浅淡（他们都是偶然卷入其中），被定格的是"紧急状态"里各种力量的对抗。对地图的绘制者（"遗忘之场"的营造者）来说，描绘过程亦是一种进入方式——他有可能在这些对抗中（纷争并未结束）获得一个位置，参与其中，改变历史的走向。

8   汉娜·阿伦特编. 启迪——本雅明文选. 张旭东, 王斑译. 北京：三联书店,
     2008：269.

某例"遗忘之场"：南京，老城南颜料坊地块，2013 年

2

建筑的

100 种死法

建筑的 100 种死法

计划

"建筑的 100 种死法"（简称"100 种死法"），是一项城市研究计划。[1] 这是一次不借助任何既有理论，直接进入具体城市的写作试验。它从个体经验出发，对城市的形态进行描述。

城市是一个复合型的有机体。它由人创造，并且通过居住、工作和生活赋予其动力。与人相似，城市有物质性的身体构造：骨骼、肌肉、血管、神经、大脑、细胞……与之对应，城市也拥有自身的情绪、回忆、想象与梦境。历史沉积、集体记忆、文化遗传，

---

1 "建筑的 100 种死法"是作者独立策划的一次关于南京的城市研究计划。该计划由个案研究组成，预计以每个一篇 3 万～5 万字的论文作为完成形式。到目前为止，已经大体完成三个案例的研究，分别为：基督教青年会旧址建筑（历史建筑拆除、重建）；建邺区体育大厦（现为华世佳宝妇产医院，新建筑改建）；石城现代创意园区内的南画廊（旧建筑改扩建）。它们的"死法"为建筑的记忆之死，建筑师的署名权之死，建筑的功能之死。此计划的最终形式未定，个案的数目也未定——100 只是个模糊的范围。本文是作者在完成几个案例研究之后所做的方法论小结，对"死亡"的定义、研究程序、研究方向以及关键的概念群，逐项做出整理。在后续的研究中，关于方法论的自我审查还将继续，很多设定也会加以修订。这是本计划的一个必要工作，也是直接的经验研究的趣味所在。

这些构成了城市的精神世界。"100 种死法"计划要描述的，正是这两套城市结构（物质与精神）之间的关系。疾病，是计划的切入点。

疾病是城市的异常（也是日常）状态。它是其物质身体与精神世界之间关系紊乱的征兆。换言之，疾病既是身体上的，也是精神上的。无论前者还是后者，在当下中国，城市结构的不适当变动都是其主要原因。一方面，城市更新导致空间形态急剧变化。在城市中心或边缘处，大量建筑（其中不乏重要的公共建筑）在很短的时间里出现、消失。这无疑会破坏我们认知城市的连贯性，对老年人的心理影响尤为强烈，他们失去了空间的参照物和归属感，因此觉得自己不再属于这个城市。另一方面，城市化的极速推进使其新旧结构的转换节奏常常失控，异质飞地频现。它们在空间与人之间划下一条鸿沟，空间或者建筑物无法正常使用，场所气息怪异，反常事件频发。这两方面的变化，前者明显，后者隐秘，但是都将建筑主体与人的主体强行分离——我们的生活频率无法跟上空间的变化速度。这使得城市的精神世界（它是由人来创造与维系的）与物质身体相脱节，城市由此"生病"。

城市结构不当运动的破坏力不仅于此。它在瓦解人与空间和谐共处的关系之余，还有可能打断文化传承的脉络，制造负面的集体记忆，牵扯出历史债务。这是对城市精神世界的直接侵害。至此，疾病更为严重。

这是精神上的疾病。比如现在风行一时的古城再造，看似回归文化传统，其实是历史的逆行。它制造的不是历史的真相，而是幻象。按照精神分析理论，幻象的作用在于掩盖创伤性损失（孱弱的文化创造力，无法再现几百年前的辉煌盛世），抹平社会矛盾的尖锐冲突（大规模拆迁的必然后果），隐藏"大他者"（即现实的符号秩序）的内在短缺——诸如北宋东京汴梁城之类有限的符号化图像，如何能取代历史沉积下来的无数人的丰富生活？

在幻象中，某种空洞的欲望对象被建构出来——当下的太平盛世，文化自豪感，世界性等。而真正属于每个人的，来自实在生活的具体欲望则被幽闭在这一抽象的空间中。城市的精神世界全面坍塌，取而代之的是一具形式秩序（简化后的符号秩序）的空壳，和回旋其中的幻影欲望。它们甚至阻塞了精神世界重新创造的可能。疾病，已成致死之病。

"100种死法"计划的对象是南京。这一六朝古城正处在当下中国大多数城市都在经历的转型期，城市病症随处可见。而且，由于南京自身的特质（历史结构过于复杂），这些"症状"常有不可预测的变化——不同病症之间相互渗透、转换，病因盘根错节、讳莫如深……"100种死法"计划选取南京城中的100个建筑的"死亡"案例，进行病情诊断和精神分析，希望这种点式的个案研究能够如同钻头一样，深入地下的各个岩（土）层，检测城市结构的运动轨迹，探寻它与其精神结构之间的关系。

这一研究无法参考现成的城市理论，尤其是当下的西方城市理论。任何一个城市都有特殊之处，无法复制。那些常见的研究模式——截取若干表象片段，加以量化的数据归纳整理，迅速导向某种既有的理论模型——对于我们认知新的城市对象并无多大作用。

如何研究类型丰富、差异巨大、瞬息万变的中国城市？如何探求其复杂的动力结构和神秘的精神世界？如何使城市写作成为一种跨越地域的经验共享，让读者对一个并不熟悉的城市产生深度的情感共鸣？我们对城市的生命形态的设定（身体、精神、疾病、记忆、主体性），以及选择精神分析理论作为方法论基础（以幻象、大他者、征兆、符号死亡、创伤内核作为概念框架），希望借此打开一个新的、有效的研究空间。"100种死法"就是一次试验。

建筑的"死亡"

"死亡"，是本计划案例选取的标准。

与人一样，建筑亦有生老病死。当机体朽坏、功能陈旧、历史使命结束，它就会死去。在每个人的生活里，都有这样的经验：在熟悉的街道旁，悄悄地竖起围栏，一幢旧房子被拆掉，一幢新房子出现……

这不是"100种死法"所面对的"死亡"。因为，一旦建筑被拆毁，我们就失去了诊断病体，失去了考察案例对象的物理形态的机会，那些寄托在建筑身体上的秘密会随着"物证"的消失而埋葬在新的建筑之下。所以，我们要处理的是一种并未真正死亡的"死亡"。对其进行全面细致的界定，是"100种死法"计划的第一步。

首先，它不是建筑的自然衰亡（建筑都有一定的使用年限），不是因为某种特殊原因而突然消失（虽然未到使用年限，仍被强行拆除），也不是被废弃与空置。其次，建筑尚在，但是正处于变动中，被改建、扩建、复建……它正在经历生命的某次重大转折，并仍在城市的脉络中产生作用。第三，建筑的符号性生命和物质性身体都发生了变化。它在社会的符号秩序中位置的改变，它所扮演的社会角色的改变，使其物质身体的形貌相应调整（二度符号化）。在此，符号生命是维系物质生命的前提和动机，而非后加之物。第四，在这些变化中，某些东西"死掉"了：是建筑物的使用机能，是建筑师的署名权，是建筑的记忆责任，或是空间的历史性。第五，在界定什么东西死掉的时候，我们还需注意，什么活了下来？

总的来说，建筑在二次符号化过程中出现的意外"死亡"，才是我们最终的研究对象。它是一种不正常、不彻底、不完整、不明显的"死亡"，是城市结构无常变更的副产品、多余之物。它的不合时宜，干扰了现实符号秩序（"大他者"）的幻象布展，社会结构的内在矛盾外化出来——疾病的征兆点。

寻找"死亡"的痕迹，是"100种死法"计划的第二步。按照前文的定义，建筑"死亡"并非一种绝对的终极状态，而是一个灰色的休止符，一个暧昧的过渡阶段。它看上去并无异样，貌似普通的城市现象；只有在距离足够近，对之有足够深度的介入，或者说，对项目内情有充分专业认知的情况下，才有可能一窥其中"死亡"的含义：这里有建筑师（或主动或被动）的悄然退场，有历史记忆被抹去，有建筑虽被努力更新但仍不敷使用……这就是"100种死法"必然从个体经验着手的原因。"死亡"的成分如此细微，没有任何现成的理论工具和他人经验可兹利用与参考。我们只有借助某种特殊通道（私人友谊），才能亲身穿越建筑平静的面相，抓住其体内散发出的"死亡"气息。

当然，"死亡"虽然隐秘，但仍然有迹可循。它的存在会干扰建筑正在进行的"转型工程"，或者说，再度符号化之路。它重新嵌入现实的符号体系的行为总是不那么顺利：被拖延和暂停，即使反复刺激、几经调整仍然无法走上正轨。那些剩余物即局部之死，暗示着"大他者"对建筑的要求很模糊。建筑的质询（如何转型？应该怎样？）得不到"大他者"明确肯定的回应。这使建筑主体陷入一个莫名的怪圈——似乎该死，却又迟迟不死；似乎想死，但又不能去死……

研究"死亡"的状况，是"100种死法"计划的第三步。这是对城市机体疾病点的水平向度的探究和诊断。首先，掌握建筑在二次符号化之前以及现在的状况，这是关于建筑本身的物理信息的比较研究。其次，了解建筑在城市中的空间特征，以及它与环境的关联。正如前文所述，城市结构如同人体，建筑在其中的位置，意味着它在城市动力系统之中的作用。它与环境之间的关系也有两层含义：一是与城市人工机体的关系，一是与城市自然结构的关系。在当下的中国，城市的人造体系和自然体系之间一般都呈相互渗透之势。尤其是南京，除去人造物之外，自然景观的比重也相当大。在城市化的无休止扩张下，原本远在城市边界之外的纯自然地理区域（比如长江以北的老山自然保护区），也逐渐被纳入城市的整体发展规划之内——这里不乏我们常见的房产开发项目。在这些世外桃源同样存在建筑"死亡"的可能。一旦出现这种状况，我们设定的"死亡"对象与环境的关系，就超出了普通的常识范畴。第三，辨析建筑师在其中的作

南京卫星图，黑点为"100 种死法"计划中的"死亡地点"

"死法"案例之一：南京基督教青年会旧址，旧建筑改建

"死法"案例之一：南京建邺区体育大厦改建为某妇产医院，新建筑改建

用。建筑的二次符号化过程所涉及的建筑师不止一个，有原始设计者，也有改建的设计者。建筑师的角色相当微妙，如果是无名建筑师，其身份和作用可以略去；如果是知名建筑师，事情就不太一样。个体艺术家的个人意志作为一股强大的力量，会为建筑如何"死亡"增加变数。

探讨"死亡"的原因，是"100 种死法"计划的第四步，也是最后一步。在这个阶段，对死因（它不只一个）的揭显是一种垂直向度的研究。它在两个方向展开：一个是空间——各种角色的角逐，各股社会能量束的交锋都凝结于（"死亡"中的建筑）这一空间点上；一个是时间——"死亡"之点还是一个时间点，它是过去与当下相遇的场所。这一相遇不是温情的邂逅，而是历史的报复、创伤的回归。它中断了历史从现在走向未来的一般程序，使时间停止于此刻。计划的第四步也就是在这两个点上，将与死亡相关的元素逐一揭显，梳理其中若隐若现的关联。一旦这些关系谱系被整理清楚，答案也就呼之欲出了。而作为这一工程的"副产品"，城市的物质身体的结构和精神世界的结构也随之呈现。

100 种

每一个案例（建筑）都有一种死法，一种死因，也都显露出城市的"真相"。虽然相对整体而言，每个"真相"都只是冰山一角，但是它们各成体系——围绕一个疾病点，各个看似不相干的要素（物理的、自然的、历史的）组合起一个逻辑完善、节点清晰的"结构体"。随着案例的增加，这些结构体将联结成一个庞大的系统。其中相重叠的元素与节点，使这些结构体横向展开为一个无限的网络。

这些重合点的出现，在于人（与人群）在结构体内形成的交流体系。他们如同流动的血脉，将各个结构体串联起来。不同的社会阶层（所有者、使用者），以及个体之人（建筑师、业主、政府官员）是这些结构体的动力来源——他们创造了这些结构，推动着它们，现在也在破坏甚至毁灭它们。另外，人之要素，也是"100 种死法"中的关键成分。它使我们建造的结构体摆脱静态模型的局限，进入历史的领地：时间性、运动、历史循环……

以现有的案例来看，"死法"的类型并不算多：建筑师（业主、使用者）之死；建筑的局部身体（或功能）之死；建筑所负载的意义（记忆、意识形态、符号性）之死；场地（地貌、植物）之死。大的类型下还有不少细分余地。比如，同一类型的死法，在不同案例身上可能会有不同的死因。而同一建筑身上，也可能有不同的死亡成分和死法。

这个计划需要多少个案例才较为适合？答案并不清楚。100 只是一个大致的范围。计划在缓慢进行中。案例的出现和对案例的研究，都无法提前规划——"死亡"的地点总在不期然中与我们（研究者）相遇，而探寻死因也不可能一蹴而就。一切都在过程之中。

我们的研究穿行于宏观、中观、微观等不同尺度的空间和时间，等待一张特殊的"城市地图"逐渐显形。它不是平静的风景画，而是一个巨大的战争沙盘：它由各种矛盾与冲突组成，充满了纷争。它是一个战场，千百股能量束（社会的、历史的）在此激烈博弈。它将人——使用者和研究者——卷入其中。我们都是这一历史场景中的角色：参与其中，见证它；可能的话，改变它。

南京：创伤之城

《八百万种死法》（*Eight Million Ways to Die*）是美国作家劳伦斯·布洛克（Lawrence Block）的一本侦探小说。书中的主人公是一名私家侦探，他用一次探案经历串联起 39 个人的死亡，39 种死法，包括在案件中死掉的，偶遇他人的意外死亡，在报纸上看到的死亡新闻，他过去曾经误杀的……书中有一句话（出现了四遍，也是书的主题）："这个城市（纽约）有什么？有八百万个人，八百万个故事，八百万种死法。"[2]

"100种死法"的标题参考了这本书的书名。从某种角度来看，这本小说也是一项城市研究（关于纽约）。它用词语展开一幅城市画面，其基本结构不是悬疑的探案过程，而是由人的命运和空间所构成的一个秘密系统。在这个系统里，人、场所、时间、事件汇聚于一点，组合成城市的基本单元。

我们计划中的"结构体"和书的"基本单元"颇为相似：偶然的死亡背后有着无数根命运丝线在牵动着。并且，这些命运丝线并非来自主体（人或建筑）自身，而来自城市——它才是小说的主角。纽约这个"罪恶之城"使得死亡这一相关主体的私有之事，现在公开化了——它被许多人（甚至是陌生人）所影响，继而又刺激到另一些人，改变他们的命运。城市支配着人的活动，使他们的行为进入某种集体的谵妄状态，创造着命运交叉的瞬间。

在"100种死法"中，各种各样的建筑之死，也都指向南京这座"创伤之城"。正如我们所见，那些疾病点几乎无一例外都是创伤点。自1400年前隋文帝杨坚灭陈国，盛极一时的六朝都城建康毁于一旦以来，创伤就已成为这个城市的存在形式。它似乎是一个自动机器，不停地生产着各种创伤：人的创伤，自然的创伤，文化的创伤，等等。这些创伤所形成的集体记忆累积叠加，在城市上空汇聚成一个巨大的精神之眼。它凝视着这座古城，使其物质身体的运转无休止地滞留于创伤的世界——创伤的生产、创伤的遗忘、创伤的回归、创伤的补偿……

这就是"100种死法"计划要呈现的城市物质身体与精神世界之关系的形式所在：创伤生产的重复性，创伤遗忘的不可能性，创伤回归的持续性，创伤补偿的无效性。

2　劳伦斯·布洛克. 八百万种死法. 潘源等译. 北京：新星出版社, 2006：148.

我们的个案研究是对这些"形式"的反复验证。当然，这一形式并非抽象的观念模型，尽管它貌似具有某种普遍性。它是一个活动的概念框架。在此，它导向一个即时的问题系列：在当下这个相对和平的时代，这一创伤生产机制是否仍在工作？如何工作？它在制造怎样的"大他者"，使建筑的质询（你到底要我怎么样？）持续失效，使其日常的符号化进程被不能死的"死亡"无限延期，陷入歇斯底里的僵局？这是"100种死法"计划最终需要回答的问题。

3 寻找"回归者"

——一种建筑评论方法

寻找"回归者"——一种建筑评论方法

对我来说，建筑评论的逻辑是，根据某种平衡原理：当一个建筑出现的时候，必然意味着某些东西在消失。评论的工作，就是通过写作，让消失的东西"回归"。

消失之物

那么，建筑出现时，什么在消失？这是评论的第一个问题。

不同的建筑，它导致的消失之物也不一样。如果是一个乡间茅舍，它产生的缘由、满足的需求、占据的空间、消耗的资源，都较为单纯，所以，它所排除的东西即消失之物也相应有限。但是，如果建筑在城里，情况就会完全不同。

建筑身处城市，意味着它从一开始就被置于一个复合的网络（人工的、自然的、历史的、现实的）之中。每一所房子，无论规模多小，都会涉及这个网络系统本身，涉及不同的利益纷争、多重的社会层级、繁杂的社会资源。可以说，这里的每一个建筑都是不平凡的，因为它要面对的是整个城市。

所以，研究消失之物，就是在研究城市，以及复合的网络系统。当然，界限的设定是必须的。一开始，我们就要建立一个局域"小网络"，以该建筑为核心的关系链群。它的组成部分包括空间范围、时间区间和社会阶层。"小网络"并非处于静止状态；它在不停变化，既是缘于外部"大网络"[1]的变化，也是建筑出现之后带来的。这意味着，设定"小网络"的形态，是一个分阶段的工作。[2]

项目出现时／建筑完成时／写作开始时

在"小网络"中，存在着三个时间点：项目出现时，建筑完成时，写作开始时。它们分别对应着：消失之物的存在，消失之物的消失，对消失之物的探索。三个点形成一条时间轴，划定出前后两个时段。

第一个时段，从项目出现到建筑完成。其中，有一些消失之物清晰可见。建筑从无到有，它所消耗的资源、占据的空间，都可量化出来。比如 20 世纪 80 年代初著名的香山饭店，在建筑完成时，若干消失之物就在彼时的大讨论中纷纷显现：被砍伐的 415 棵园树（不乏二三百年的古树），被炸掉的 200 多立方米的石林，因位置偏远而多出的 60% 的造价，对古园的占用，对山林风貌的损害。《建筑学报》1983 年第 3 期上刊出的《北京香山饭店建筑设计座谈会》一文，就是一次以"消失之物"为主题的"建筑评论"。[3]

1　"大网络"通常指的是整个城市。但是，现在的城市已非独立的存在，它与整个国家或全球的结构变化休戚相关。我在《不可能的关系》一文中分析的南京佛手湖的小住宅，虽然规模极小，身处深山，但其中些微变动都与全球建筑格局的调整相呼应。见《不可能的关系》，本书 pp103~121。

2　对"小网络"的设定、修正，只是笔记上的工作。在正式的写作中，它以潜在背景的方式进入，并随着行文逐渐展开，不会在文中辟出专门篇幅加以讨论。

项目出现时——建筑完成时——写作开始时

"消失之物"存在　"消失之物"消失　"消失之物"回归

时间轴

还有些消失之物是不可见的，难以量化的。通常，建筑在完成后所体现出的价值（使用价值、学术价值、历史价值），与其消耗的价值并不对等，当建筑所负载的意识形态的需求与利益纠葛过于强烈时尤其如此。这一价值差额就是建筑产生的不可言说的"代价"。这些"代价"的否定性本质（它是各种力量博弈的牺牲品）无法与象征着肯定性、荣耀的建筑同时示于公众，因此在第一个时段里，它们就被压抑、抹除，无法以任何形式为人所知。评论所要"回归"的，就是这些不可见的消失之物。

3　这场讨论会颇有价值，虽然讨论方式有其时代的局限性，深度也是浅尝辄止，但是许多主题即使在当今亦不失重要性，比如建筑与环境的关系，建筑对历史的损害，中国现代主义建筑的可能性。更难能可贵的是，很多讨论者都将问题指向建筑立项的基础合法性。这类讨论在现在的建筑界堪称罕见。见：北京香山饭店建筑设计座谈会. 建筑学报, 1983（3）。另外，关于香山饭店的讨论在之后很长一段时间里还在继续，而且涉及的问题在深度与广度上都有推进。见：曾昭奋. 香山饭店与贝聿铭. 城市批评——北京卷. 文化艺术出版社, 2002 年 1 月. 在我看来，这是评论的一个良性状态。评论应该与建筑拉开时间距离，从而建立客观性，创造多角度的切入口。

事件与消失之物的回归

在第二个时段（从建筑完成到写作开始）中，那些曾经不可见的消失之物已然自行回归。虽然它们被压制至无声，但一直在寻找释放的机会和出口，就像童年的创伤记忆在成年之后的生活中曲折显现一样。[4]

一般来说，回归都有其征兆，那就是事件。事件总是出人预料地突然出现，且原因不明，让人费解。例如，非常规的功能转向引发的环境的怪异变化，又或者是事件突如其来的降临（比如央视配楼的那场无名之火）。似乎总是有些东西在恶作剧，让建筑不能轻易顺畅地融入"小网络"，实现新的社会角色。这些事件都不是意外。通常情况下，那些恶作剧背后的作怪者，就是回归的消失之物。

笔者正在研究的南京大型居住区南湖新村，[5]就是一个关于事件与消失之物回归的案例。2009 年，社区内的建邺体育大厦在使用两年后被改建成妇产医院。研究发现，这一突发的"新建筑改造"事件与南湖新村的空间史有关。该社区在 20 年前是为了给"文革"期间的下放户回城居住所用，但在后来的岁月里不断衰落。体育大厦本是为了刺激社区的活力（建筑完成后，区

046
/
寻找
「回归者」
——
一种建筑评论方法

4　对"回归者"的研究，是基于我对精神分析理论（以弗洛伊德与拉康为代表）挪用的兴趣。"被压抑物的回归"，本就是精神分析理论中关于梦的运作机制的一个经典命题。见：齐泽克. 意识形态的崇高客体. 北京：中央编译出版社，2014：64 页。一直以来，我都在尝试将精神分析理论运用到建筑研究里，尤其是齐泽克在通俗文化研究领域里对拉康理论的创造性实践，对我具有重要的参考作用。将这一理论模型向建筑领域转化，我的基础设定是：第一，将建筑看作是人，一个生命，一个精神世界（记忆、情感、意识、无意识）与物质构成（肉体／建筑物）的综合体。事件，即精神疾病的爆发点，使物质肉体的功能出现紊乱，这就与弗洛伊德的理论接上轨；第二，将建筑看作当代城市通俗文化产品的一部分。建筑是当代的意识形态现象，它是文化对抗的产物，它与齐泽克分析的电影、小说的性质类同；第三，将建筑（事件）看作政治事件的承载物，这就与齐泽克的主要研究对象（即时的政治事件）产生关联。总的来说，我的研究是以建筑（空间）

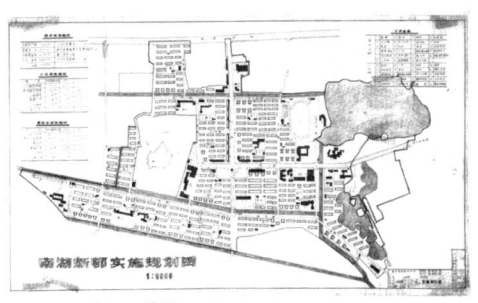

南湖广场落成实景, 1983 年

南湖新村实施规划图

领导要求把周边建筑全部涂成与体育大厦表皮一样的橘红色），
但这影响到了原住民即下放户的平静生活，因为该社区是这些
原住民的精神保护壳，任何外来的空间变动都会触动他们敏感
的神经，以及他们的"原始记忆"（回归的消失之物，下放户的
经历几乎遭遗忘）。所以，环境并不接受这一带有强烈冲击感的
时髦建筑，导致建筑在启用后经营困难，无奈之下只好进行"新
建筑改造"。一个荒诞的建筑事件，其背后的始作俑者要回溯到
空间的"原始记忆"处。

　　事件常常不是单一地出现——它们或者连续出现，或者同

为对象的精神分析。我在对张雷作品的系列研究中，曾将齐泽克的概念框架逐渐
引入：大他者、幻象、快感、符号秩序、崇高客体、母性原质、裂缝、符号性僵局、
两次死亡、关系的不可能性，希望挖掘这些概念在建筑研究中的潜在效力。参考：
两次死亡之间——关于一项改扩建建筑的分析. 建筑师, 2009（139 期）；裂缝
的辩证法. Domus 国际中文版, 2008（18 期）；历史即快感. 时代建筑, 2008（100
期）；疯狂的砖头. 世界建筑, 2009（224 期）。在另外一个关于空间记忆的系列
研究中，我对拉康与弗洛伊德的概念也有尝试性的运用：原始创伤、原始匮乏、
集体记忆、受虐狂。参考：中华路 26 号. 建筑文化研究第 5 辑. 上海：同济大
学出版社, 2013 年；作为受虐者的环境. 建筑文化研究第 6 辑. 上海：同济大
学出版社, 2014 年。这一记忆研究系列，都涉及"回归者"的问题。

5　　参见：作为受虐者的环境. 建筑文化研究第 6 辑. 上海：同济大学出版社, 2014 年；
　　以及：南湖新村／记忆地图，见前引书。

时出现在不同的位置。其时间范畴与空间范畴都很富弹性。就空间范畴来说，它可以是建筑所处的街道、社区，也可以拓展到更大的范围，比如城市的某一区位；就时间范畴来看，写作的时间是其终点。当然，写作的时间越往后延，事件出现的可能性会越大。但写作时间总有定数，所以只能就暂定的时间段来考察事件的状况。[6]

事件的系列化、群体化、整体化特征，是南湖新村研究中的一个重点。体育大厦的"新建筑改造"，看似一个独立的突发事件，但如果对整个社区做全景扫描，就会发现一系列类似事件。同批建造的几个新建筑（一个网络社区的线下版，一个电影院改造，一条餐饮街），都遭遇尴尬。它们都无法融入这个社区，都被环境所抛弃，等待再度转型。究其原因，它们都是由"大网络"推动的空间介入活动，都触动了敏感的"集体记忆"，都导致了"原始创伤"的回归，都以空间失效为结局。

可见，事件并非孤立的存在，它们之间有着隐秘的关系。对其关系的梳理和辨析，有助于我们重建"小网络"的结构。这是一个与建筑完成时的"小网络"不太一样的"小网络"；如果说前者是按既有（现存环境）关系链组合而成的，那么后者就是按第二时段中出现的事件建构出来的。

寻找"回归者"

那么，如何在这些事件中找到"回归者"？这是评论的第二

6　就个人经验来说，写作时间在建筑完成之后两至三年较为合适。在这个时间段里，建筑与环境的磨合大致走完一个轮回，某些潜伏的问题都会有所显现。当然，即时的评论也是可以进行的，但那就进入另外一个相对纯粹的知识层面（设计研究、建筑史）了。专业讨论本身没有问题，只是建筑与人类物质及精神世界的广泛联系，其自身的多重价值与意义潜力，显然没有得到充分的发掘。

个问题。寻找"回归者",是一个逆向的过程：第一步，侦测事件位置；第二步，了解事件状况；第三步，探索事件来源；第四步，寻找回归者踪迹。

第一步是起点。由于建筑在第二时段的状况很少有人关注，所以即使发生事件，除非是特别大的公共事件，否则很难为人所知。这些事件的发生与消失都相当迅速，一不留神就会从我们的视野里溜走。要想捕捉住它们，需要对建筑启用后的状况保持密切接触。

在关于民国建筑南京基督教青年会旧址的一项研究中，[7] 我发现建筑事件的存在形式相当隐蔽。它在 2009 年的保护更新设计中，被要求原地扭转 8°。随后，这个工程计划被莫名其妙地延误了三年。最后的结果是，扭转计划作废，建筑被整体打包平移37 米，在原址建一个地下室，待完工后，再将其平移回来。该建筑的品质规格并不高，但它所受到的折腾以及耗费的金钱远远超出建筑本来的价值。虽然这一荒诞的"旧建筑改造"事件拖沓了三年之久，但并不引人注意，它只是城市里一块非常普通的工地。我在一个偶然机会下才获知其存在，并着手研究。

第二步是对建筑的专业解读。事件的发生对建筑产生影响，带来物质性的变化，这些变化都涉及设计（空间、材料、形态、建造）问题。我们对设计信息的研读也应一分为二。其一是还原建筑师的设计理念，其二是在此基础上进一步延伸，建构这一理念在现实中受到的考验，和它被强行调整的结果。事件发生后，对建筑初始理念的回溯已不再是单纯地重述建筑的设计过程，而是对该建筑的设计进行一次批判性的盘点，每一项设计理念与建造过程，都需要接受"用后"的价值评估。

第三步是对事件的社会性解读，分两个步骤：其一，分析事件对关系链的影响——建筑与环境的关系，它的使用状况，它与

7　见：中华路 26 号. 建筑文化研究第 5 辑. 上海：同济大学出版社, 2013 年。

南京佛手湖建筑群，卫星图片，2010 年

南京佛手湖，王澍设计的"三合宅"模型

南京佛手湖，张雷的"4 号住宅"

城市脉络的衔接，它给建筑师职业生涯带来的改变；其二，收集"小网络"中的其他相关事件，比如发生在该建筑身上的其他事件[8]，或者是发生在某一相邻建筑身上的事件[8]，梳理其他的事件关系链。对事件进行分类、系列化，审视不同事件来源的关联性，确定主线与支线。

第四步，寻找"回归者"的踪迹，是评论工作的核心。第三步的从事件结果逆向梳理事件来源，已不可避免地将关系链回溯到第一时段的起始处，即项目出现时。建筑产生时的不可言说的"代价"，在此被彻底清理。某些东西开始显露，那就是"代价"所指向的建筑的"初始矛盾"。一般来说，建筑的"初始矛盾"是四方力量博弈的结果：意识形态（建筑的政治角色及其代言人）、利益（金钱、资本）、人（建筑师）、空间（场地的记忆）。通常情况下，前两者的需求具有绝对的优势，人与空间的意志则被压制，成为"初始矛盾"（原始创伤）的主体。[9]

8　在对张雷的佛手湖 4 号住宅的评论中，我发现在从立项到完成的八年时间里（这就是时间轴的第一时段），这个建筑经历了多起事件：启动时轰动一时，施工中反复停滞、建筑师突然改变方案。同属一个项目的其他建筑更是事故频发，两位建筑师去世，一位建筑师退出。在项目难以为继的时候，一位参与者（王澍）获普利兹克奖，使其重获生机，发展成城市的一个旅游景点。这些周边事件都与 4 号住宅自身的经历有着千丝万缕的关联，它们都承受着一个共同的"回归者"——场地的"原始创伤"。参考《不可能的关系》，本书 pp103~121。

9　比如《弱者的游戏》中的下放户的集体记忆，《不可能的关系》中的自然环境的创伤，《中华路 26 号》中的 1937 年的大屠杀历史。在这个力量关系图中，建筑师的位置非常微妙。他可以站在意识形态与利益一边，那么"初始矛盾"基本上全落在场地身上；但是，如果他选择站在空间一边，与意识形态及利益欲望相对抗，那么，这将给力量关系图带来变数——意识形态与利益依然是胜方，但"初始矛盾"会以某种惨烈的方式被抑制，这意味着后续的回归力会相应增加。即，在第二个时段里发生的事件，会更怪异、荒诞、频繁，更有显示度。这将给我们的"回归者"研究提供便利，因为事件的捕捉较为容易。

10　如此类推，没有事件表现的建筑，其"初始矛盾"就无可谈之处。也就是说，项目开始时，几force力量关系就已达成某种平衡，不存在被抑制的消失之物。这一类建筑不是我要评论的对象。

这一"初始矛盾"就是最初的消失之物。它们改头换面，顺着一条条隐蔽的通道，抵达若干年后的事件发生地，[10] 以种种费解（荒诞）的方式表明自己的"在场"，表明抑制、抹掉、掩盖都是无用的。

捕获"回归者"的踪迹，就在此时。如果我们在时间轴的两端都感知到其存在，并且确定它们在建筑完成时（中间点）是不可见的，评论的工作就成形了。

如何回归？意义何在？

那么，在找到"回归者"之后，如何让它们回归？这是评论的第三个问题。评论，就是用文本的方式再现回归的过程——文字穿行于那根时间轴上，将端头的"初始矛盾"与末尾的事件之间的空洞填满，编织出一个关于回归的故事。

在文字中，时间轴慢慢显现成一条建筑的命运之线。它串联起一堆看似无关的偶然性碎片，最终形成一个必然性的逻辑——事件的发生，只在于某些东西一开始就已在那里。当然，回归的故事，不是去分析这一逻辑背后的支配结构（命运之线隐含的"小网络"的游戏规则），也不在于诠释该逻辑的核心要点（"初始矛盾"、"回归者"等概念）；这些分析、诠释工作都是潜台词，它们在写作正式开始前就已结束。最后的文本，只是简单地讲述一个必然会发生的故事。[11]

故事完成于事件发生之后或过程之中（事件的时间长度并不确定）。这意味着，故事（关于事件）与事件本身有可能相遇。这将对事件产生微妙的影响。一方面，事件通常都处于高度敏感的状态，任何外来的干预，无论多么细微，都会如蝴蝶效应一

11　在我的评论工作中，目前能做到的只是将分析尽量融入叙事。单纯的故事，以及去除分析痕迹的"叙述法"，是下一步努力的目标。

样引发不可预知的后果，正如马克思的时政评述常常不自觉地进入实局，推动事态的走向。而我在调研南湖新村时发现，与原住民（事件的局内人）的普通接触（访谈、讨论、信息交换），时常会导致一些预料之外的变故，激化事件的状态。

另一方面，回归的故事并不是建筑乐于见到的。"初始矛盾"、"代价"、"不可见的消失之物"，这些故事的主角（及关键词）都是否定性之物。事件挟其"回归"，会对建筑存在的基础（它建立在肯定性之上）有所动摇。正如我们所见的，事件的出现都有点鬼鬼祟祟的味道。它是"否定性"的惊鸿一现，但很快就会被"小网络"、"大网络"的各种应急机制所抚平，以确保它不对现实秩序造成麻烦——事件会被视作纯粹的偶然性意外而遭遗忘。而故事的存在，却如同将时间中止在事件之时，使遗忘机制无法启动。建筑将被迫与其否定性的本质一面共存，这一尴尬的相遇，将给建筑（以及事件）的未来带来什么变化，正是回归的故事体现其意义的所在。

还有一种相遇——回归的故事与读者的相遇。这是肯定性的相遇。文字不是追随建筑的身体，为读者提供想象其模样的空间，而是为其饱经磨难的、不安分的、躁动的灵魂（如果它有的话）营造居所。这一居所向所有读者开放。任何人都可以经由文本走进去，与其交谈——即使我们没有见到这个建筑，没有使用它，没有与它有任何"身体上"的交集，我们还是能够理解它，与它产生共鸣，甚至爱上它。

4 当他们谈论现代建筑时，
他们在谈论什么？

当他们谈论现代建筑时，
他们在谈论什么？

引子

在当代中国建筑史上，1982 年完工的香山饭店是一个特殊的存在。它是中国现代建筑的开端，在改革开放、四个现代化、中美建交的时代转折点上，由国际建筑大师贝聿铭设计，施工制作精良。它还是中国现代建筑话语的开端。项目启动之始，香山饭店就是各路媒体（建筑、非建筑刊物）的宠儿。[1] 其中，《建筑学报》的作用尤为不同。从 1980 年到 1992 年，《建筑学报》共刊载了 15 篇相关文章，内容包括座谈会、评论、设计研究、随笔、访谈、自我陈述等。它们是记录下这一建筑事件的原始资料。更重要的是，它们还产生出三种话语模式：主体的话语（设计者）、大学的话语（精英专业者）和分析者的话语（研究者）。围绕同一对象（香山饭店），三种话语建构起一个差异性的意义系统（话语系统），左右着那个时代我们观看、理解、讲述建筑的方式。

不过，在这一话语系统中，核心概念"现代建筑"却总是缺

1　它出现在几本重要建筑杂志的创刊号上：《世界建筑》（1980 年），《新建筑》（1983年），《时代建筑》（1984 年）。《建筑学报》为之连续开设专辑（1983 年 3、4 期）。

席。70 多页的文字中，"现代建筑"一词只出现寥寥十数次，所指各式各样，基本都与本身无关。换言之，建筑的"现代建筑"本质属性被遮蔽。[2] 这是一个以误解为基础的系统。

本文要考察的第一个问题是，在这一系统中，误解是如何产生的？即，"现代建筑"出现的这十几次，被赋予了什么样的歧义？这些歧义又是如何支撑着三种话语的表述，以及整个话语系统的运转？实际上，这里的误解倒不是纯然的负面。它在掩盖建筑的真正价值，将其与自我身份隔离的同时，也反向地刺激出更多的好奇心与诠释欲望，使建筑免遭遗忘——正是这一诠释欲望，使话语系统一直处于活跃的运动状态。[3] "误解"的正面性，是本文考察的第二个问题。

第三个问题关乎本文。30 年来，香山饭店的话语系统已经发生很多改变，三种话语各有更新。本文作为分析者的话语，也是其中的一部分。当然，对话语源头的自我盘点（再现"误解"结构，重建诠释的欲望逻辑），对该系统的全面升级产生助力，亦是笔者所期待的。

1980 年：开端，主体的话语（一）

香山饭店最早出现在专业杂志上，是 1980 年第 4 期《建筑学报》中的两篇文章：一篇为彭培根的长文《从贝聿铭的北京

2　这里的"现代建筑"属性指的是，在设计层面上，现代主义建筑是产生于特定时代（现代工业与世界大战）的某种新的设计理念与方法。除了几何体、流动空间、无装饰等显性特征之外，它还有一整套空间（比例）／材料／建造技术的逻辑。它由赖特、密斯、柯布西耶等几位现代主义建筑师奠定基础。贝聿铭的设计事业一直忠实于现代建筑的原则与精神。这一点，贝氏在几个英文访谈中均有明确表达。

3　30 年里，《建筑学报》《时代建筑》等主流专业杂志陆续发表了数十篇相关文章。此外，还有数以百计以香山饭店为主题的文章出现在各类杂志上，其中有近 1/3 为建筑专业外刊物。

北京香山饭店, 1979—1982

"香山饭店"设计谈现代中国建筑之路》（以下简称"彭文"），一篇为贝聿铭的《贝聿铭谈建筑创作侧记》。自1978年贝聿铭着手设计以来，香山饭店就成了专业界的热点话题。由于彼时的信息流通欠发达，其中臆想猜测成分居多，所以这两篇文章带有强烈的事前正名义务。

在彭文中，"现代建筑"一词出现了三次，一次指贝聿铭的过往经历，两次指香山饭店所用的材料与"科技特长"。它们与设计手法没有什么关联——通篇在谈论四合院问题。文章最后将香山饭店定性为颇有意识形态色彩的"新中国人民的建筑"（简称"人民的建筑"）。[4]彭培根彼时在加拿大多伦多工作，应贝聿铭之邀前往贝在纽约的事务所参与该项目的讨论，并写就此文。它代表了贝氏希望向中国媒体传达的信息。

贝聿铭的《创作侧记》是他与中国建筑师某次座谈的记录，是贝氏对该建筑的第一次正式阐述。主要观点有两个：其一，香山饭店是有中国民族特色的建筑；其二，它是现代化的、满足现代生活的建筑。它的设计原则是，"建筑与庭院结合、使用传统材料"。自述中仅出现一次"现代建筑"，其含义是早期以"房子是住人的机器"为口号的革命运动。贝氏的态度是否定的，因为它"把房子搞得太简单化"。[5]

两篇文章都为主体的话语，一个是代言，一个是自述。它们都强调了香山饭店的设计以庭院为主，使用了传统的建筑材料，也都对建筑的"现代建筑"属性有所回避（彭培根只指建筑材料，贝氏将其作为历史口号）。不过，另一方面，两文都用了相当的篇幅来论述"现代"问题。彭文反复提及该建筑身处的"现代国际建筑界"语境，贝氏则认为中国当下的建筑也有"现代化"、"现代生活"的必然前提。这显然是时代主题"四个现代化"的反映。

4   彭培根. 从贝聿铭的北京"香山饭店"设计谈现代中国建筑之路. 建筑学报, 1980（4）：19.

5   贝聿铭. 贝聿铭谈建筑创作侧记. 建筑学报, 1980（4）：20.

1981 年：主体的话语（二）

　　1981 年第 6 期的《建筑学报》刊载了两篇类似的文章：一则贝氏的自述《贝聿铭谈中国建筑创作》，一则是在美国工作的中国建筑师王天锡的设计研究《香山饭店设计对中国建筑创作民族化的探讨》（以下简称《探讨》）。如果说，1980 年的两篇文章中"西"字被刻意消隐，那么，一年之后，"现代"二字基本退场。

　　贝氏的自述很空泛，全文只谈"环境""历史""文化"等宏大命题，不涉及具体的设计理念。在前一年的自述中重点讨论的"现代化"、"现代生活"全部消失，更不用说"现代建筑"，似乎贝氏已经适应了中国的建筑话语氛围。王天锡的《探讨》一文是其在贝氏事务所实习期间完成。其论点是，香山饭店来源于"中国建筑的艺术传统"，这是一条"中国建筑创作民族化的道路"。作者将贝氏的设计与中国元素的关系一一挖掘出来：院落与古典园林的空间布局，唐宋风格的立面，江南民居的材料与色彩。两篇文章观点同步。传统、历史、民族性，成为此时香山饭店的关键词。

　　《探讨》中两次提及"现代建筑"。一次是在谈到"四季庭院"时，认为这个庭院是"Atrium，……是一些西方现代建筑的共同要素之一"；一次是在将香山饭店与鉴真纪念堂比较时，"鉴真纪念堂如在某种程度上可被认为是一座唐代佛寺在 20 世纪 70 年代的重建，香山饭店则是运用同一风格的墙身设计手法形成立面连续图案的一座现代建筑"。[6] 前一次显然是作者引用了贝氏的观点。这是一个展开香山饭店的现代建筑设计理念的好机会，因为"四季庭院"的虚空间是启动各向延伸的功能空间的内核，这正是现代建筑（以及贝氏常用）的手法。但作者王天锡只是认为它等同于四合院布局，一笔带过。第二次的"一座现代

6　王天锡. 香山饭店设计对中国建筑创作民族化的探讨. 建筑学报, 1981（6）: 16.

香山饭店第一轮方案模型

当他们谈论现代建筑时，他们在谈论什么？

香山饭店的＂山水轴测图＂

建筑"指的是现代的建筑，与这个概念本身没有关系。

　　1980 年和 1981 年的这两组文章出现在建筑完成（1982 年）之前，其中两篇贝氏自述，两篇在他授意或指导下完成。可以说，它们是贝氏为国内媒体所准备的建筑设定：香山饭店是一座纯中式的建筑。在自述里，"现代建筑"或含糊而过，或完全不提；在彭培根、王天锡的文章里，它先指贝氏的经历与现代建造技术与材料（纯物质性），后指某一空间元素的来源以及同名异义词（当下的建筑）。在满篇的中国元素里，这几次提及并不起眼。不过，值得注意的是，贝氏偶然带出的"现代建筑"态度，在文中都被轻描淡写地略过，显见两位作者对"现代建筑"尚欠缺足够的意识。比如王文中的"四季庭院"一处，以及彭文中插入的一张香山饭店的第一轮方案模型照片，这一模型的"现代建筑"感极为明显：白色的矩形条块围合、穿插、延展，逻辑清晰、井然有序，但文章对此毫无着墨。

　　一年落差，主体的话语有了微妙的转变。什么需要淡化？什么需要强调？这是贝氏此时考虑的要点。"现代化"给"民族性"让位，"现代建筑"从略加提及过渡到完全忽略，这无疑是策略性的调整。在同时期的西方媒体上，贝氏就从不讳言该建筑的"现代建筑"属性。[7]

7　1980 年《世界建筑》创刊号刊登了一篇由美国人撰写的《贝聿铭与现代派建筑》，文中详细介绍了贝聿铭的现代主义设计理念，并冠以"最后一名现代主义大师"。文章引用了贝氏面对美国媒体时对香山饭店的看法："内部陈设倾向西式，……但是我想试着寻找第三种方式——'中西合璧'。"这里的"中西合璧"的意思很清楚：建筑（空间）是现代主义，外部的装饰性符号是中国风格。见：道格拉斯·戴维斯. 贝聿铭与现代派建筑. 世界建筑, 1980（1）：77. 该文节译自 1979 年 10 月 29 日的美国《新闻周刊》。

1983 年：大学的话语／分析者的话语

1983 年是"香山现象"成形的时刻。《建筑学报》为之做了连续两期专辑，共计九篇文章，从室内、庭院设计研究、随笔、经营者心得到大型座谈会，各种类型一应俱全，且不乏学术长文。参与者多为业内精英，观点常有相左互异、冲突之处，颇为罕见。但总体来说，他们确立了关于香山饭店的话语模式——大学的话语。很长一段时间里，这一话语都在产生作用。40 多页的篇幅里，"现代建筑"共出现六次。

其中四次集中在"北京香山饭店建筑设计座谈会"。[8] 座谈会中，贝氏的观点"现代建筑与民族传统的结合"[9] 被引用两次。刘开济引用时是一个笼统的表态，"贝先生在探索现代建筑与民族传统的结合上的努力是应该肯定的。虽然我……有不同的看法"[10]，后面没有关于设计的讨论。李道增、关肇邺引用时，则意在设计："现代建筑与中国民族传统的结合。设计者在这方面做了有益的探索和努力，在建筑室内外空间的穿插组合，建筑与园林中水池树林的结合，四季厅的布局，以及许多装饰母题的使用上都有明显的表现。"[11] 这几条设计意见，都有着与现代建筑对应的概念：流动空间、环境、虚空间、系统化。只是，问题的讨论在进入中式话语后，就迅速滑入形容词的漩涡。

第三次是檀馨的发言："做现代建筑的庭院，是一个需要继续探索和研究的新课题，只用传统的东西是不够的，要发展，要适应新的要求。"[12] 由上下文来看，这里的"现代建筑"指的是现

8　另外两次分别出现在欧阳骖的《香山饭店初访》一文和常大伟的《"合、借、透、境"及其他》一文里。这两次的"现代建筑"都是一笔带过，前者是对贝氏名言的引用，后者指的是现在的建筑。

9　这一广泛流传的名言尚不清楚来源。

10　北京香山饭店建筑设计座谈会. 建筑学报, 1983（3）：57.

11　同上，第 59 页。

12　同上，第 61 页。

代的建筑，与概念无关。

第四次是石学海的发言："香山饭店是贝聿铭建筑师运用现代建筑设计手法，结合我国江南民居特点进行的创作，并以其简洁、高雅的格调得到好评，有很多地方值得我们借鉴。"[13] 这是到目前为止，对香山饭店的"现代建筑"属性最为贴近的一次触碰。遗憾之处仍是，观点提出后，即止步于"简洁、高雅、格调"等感性表达。

这是香山饭店完工后的第一次集体讨论。如果说1980、1981年的两组文章是设计者（及代言人）的方案陈述，那么，该座谈会就是专业者面对建筑物的有感而发。不过，纵然参与者众多（17位发言人），体验直接充分，但是言语所及"现代建筑"之处，却尚不及前面两位代言人。似乎，"现代建筑"对中国建筑师来说，仍只是一个知其名而不知其意的陌生物。即便有两次已触及问题边缘，但苦于没有相关话语系统的支撑，无法进一步展开。理论话语滞后于设计实践，实属常见。只是香山饭店作为现代建筑在中国的示范之作，却没有在设计者的专业解说分析（建筑完工后，贝氏再无专文论及）之下，将建筑话语的层次往前推动一步，甚为遗憾。尤其是贝氏的策略性表达，很快就成为后来评述者的主要参考，这导致连串的误解（从长春四合院到大观园），诠释方向也渐趋单一。

如果说，前两年的设计者方案陈述（主体的话语）中，"现代建筑"被曲意回避或推到不起眼的角落（身份、材料、历史口号），那么在这次座谈会（以大学的话语为主）中，"现代建筑"几乎是主动缺席：一则是提到它，但就像没提它；一则是提到它，却不是指它；一则是提到它，但不知该如何继续讨论下去。

虽然"现代建筑"在大学的话语中缺席（观念上的），但是大家对它的直觉感知已经显现出来。比如，常被提及的几何体的重复运用，以及建筑室内、家具陈设、杯碟毛巾的"通盘设计"，

13　同上，第62页。

正是现代建筑的系统化特征——用特定逻辑将建筑各部分有机联系起来（工业化基因）。再者，"建筑室内外空间的穿插组合"，"内庭外院的流通"，"在空间上创造出一种'虚'的效果，沟通内外又有所对景"，"使建筑、庭院和外部的自然景色互相融合互相渗透的空间"，[14] 实际上都是流动空间、透明性等现代建筑原则的中式表达。但是，大家都停留在经验性的描述上，未加以问题化。唯一有此意识的是王天锡。"我们应该认真分析一下香山饭店的设计：为什么入口大门是一个两度空间的表现？为什么主要入口部分的立面有其明显的轴线但左右两侧并非绝对对称？为什么中餐厅内部采用转角墙的处理方式而不突出表现柱子？"[15] 这些问题其实都在现代建筑范畴之内，涉及盒子空间、几何体加减法、形式逻辑与结构逻辑的协调。可惜，问题提出后，作者即以"古为今用、洋为中用"匆匆结束。

与围观者的经验感知不同，对研究者来说，理性分析中显现出的东西，不可能如前者那样一笔带过。在以下两篇专论贝氏建筑设计理念的文章中，"现代建筑"已有近在眼前之感。顾孟潮的《从香山饭店讨论贝聿铭的设计思想》一文提到"现代化建筑"；荒漠的《香山饭店设计的得失》一文中的"国际式"，已非常接近现代建筑："香山饭店的外部装饰，虽然采用了中国传统园林建筑和民居中能够见到的空窗……但是，得到的效果仍然是国际式的。"[16] 作者已经注意到，在剥离外表的中式符号之后，建筑的空间主体来自于某种西方现代的设计原则，与中国的建筑传统并无多少关系。但是，这一西式理论究竟为何？作者并未明言（或者不愿深究），只以"国际式"一言蔽之。

不过，如果就此下定论，"现代建筑"在这一轮大讨论中缺席是由于设计者的策略性回避，以及国内专业语境对"现代建筑"

14　见李道增、朱恒谱、窦以德、马明益等人的发言。

15　北京香山饭店建筑设计座谈会. 建筑学报, 1983（3）：63.

16　荒漠. 香山饭店设计的得失. 建筑学报, 1983（4）：68.

的认识缺陷，也有失妥当。在同一年的《新建筑》创刊号中，有一篇周卜颐的《从香山饭店谈我国建筑创作的现代化与民族化》，其中对香山饭店与现代建筑的关系进行了细致的解读，对与现代建筑相关的话语系统（各级概念、分析方式、问题化）有难得的探索。可惜文章并未引起重视。[17] 但尽管反响微弱，它却与《建筑学报》中巨大的诠释空洞形成一组平行关系（一显一隐）：大学的话语占据主导位置，分析者的话语在艰难生长。

可见，大学的话语中"现代建筑"缺席，是时代的特征。精英的专业者们依然用感性的视觉方式来看待建筑与讲述建筑，尽管大家对现代建筑的内容（西方现代建筑大师及其作品）有所了解，但都只置于知识的层面，在与真正的现代建筑相遇时，这些知识无法与现实之物建立起联系。换言之，当面对现代建筑时，无法用现代建筑的话语方式来谈论它。还有一个原因是，那时的大学话语正处在对西方后现代思潮的吸纳过程中，这一思潮与香山饭店面临的"中国现代建筑的民族化"道路有着某种契合，这也干扰了大学话语的方向。

大学话语的经验色彩，加上主体话语的避重就轻，使得建筑

067

17 该文在对香山饭店的"现代建筑"品质的论述上颇有开创意义。它从现代建筑的传统（格罗皮乌斯、赖特、密斯），到现代建筑的设计手法（有机建筑、流动空间、灰空间、工业化、系统化），对香山饭店的性质归属做了一次全面的清理。"从上面的分析来看，香山饭店集中了现代建筑的设计原理和手法：通过贝先生高超的职业技巧和丰富的实践经验，加以精心设计，而更加绚丽多彩。俨然是一部完备的现代建筑设计的教科书，值得我们很好地学习，从中得到教益，以提高我们的设计水平。特别是复古主义曾一度把现代建筑当作结构主义和功能主义来批判，以致现代建筑在我国至今还没有被普遍接受，更有必要强调香山饭店的现代建筑手法，让我们来很好学习和钻研。香山饭店将以真实面貌，具体说明现代建筑设计的原理、手法和技巧。它的作用将远远超过论文和理论著作。这是中国建筑现代化创作必须掌握的基本技能。在多年贻误之后，亟待认真学习，加紧补课，迎头赶上。"文章反复提及要对香山饭店里的现代建筑设计手法认真学习（以及加强当代建筑理论的教育），可谓真知灼见。见：周卜颐. 从香山饭店谈我国建筑创作的现代化与民族化. 新建筑, 1983（1）：19.

话语裹足不前。可贵的是，虽然声音微弱，但分析者的话语仍在努力打破僵局，它或者在主体话语与大学话语之间寻找批判性的表达（如荒漠），或者试图通过回溯到建筑的设计本质来建立自己的话语模式（如周卜颐）。

1984—1991 年：主体的话语（补丁）

随后的几年中，各个杂志对香山饭店的报道与研究仍在继续。其间，《时代建筑》、《新建筑》、《世界建筑》、《长安大学学报》登载了数个贝氏的访谈，话题自然离不开香山饭店。这些访谈中，贝氏一如既往地保持其温和态度与宏大的文化观，建筑只是小节。

1985 年《建筑学报》刊载了一篇美国人戴蒙斯丹与贝氏的对话《访贝聿铭》，内容相当饱满。贝氏从观念到教育，再到设计实践，将自己的建筑观条分缕析地一一展现出来。对话有三个主题：其一，"现代建筑……今天仍然充满活力"，"我们还处在继续发展现代建筑的时代"；[18] 其二，"我（贝氏）真正的教育生活全都在这里（美国）。我是一个受西方训练的人，我是西方人。从这个方面来讲，我想我的建筑是西方的，不是东方。"对这一点的强调，是贝氏面对西方媒体诸多（身份）疑问时的澄清；其三，是关于香山饭店（在对话的末节）。面对戴蒙斯丹的一系列疑问：你是如何设计的？你打算在那里怎样做？这座饭店是什么样的？在你的设计中保留了（中国建筑的）这些要义吗？贝氏的回答充满了不确定：我不知道，我无法描述，恐怕……[19]

对话中，"现代建筑"出现了数次，但都不在关于香山饭店

18　戴蒙斯丹. 访贝聿铭.《现在的美国建筑》选载（三）. 建筑学报, 1985（6）：62.

19　同上, 第 67 页。

的讨论中。它们的含义是完全符合本意的，即现代建筑是产生于 50 年前，至今仍富有活力的某种"设计哲学"。虽然在香山饭店部分谈得含糊其辞，但还是可以看出贝氏设计哲学的连贯和稳定性。现代建筑作为潜台词，存在于香山饭店的"不确定"对话的背景处。

与这篇对话接近的是 1984 年第 4 期《华中建筑》收录的一篇重要但不引人注意的译文《贝聿铭重新认识中国》（戈尔特培格著，原载《纽约时报》）。这同样是西方视角的贝氏的香山饭店论述。作者与贝氏的思路贴得很近（掌握了设计过程的很多细节），文章真实描述了贝氏对香山饭店设计的专业思考。香山饭店以现代建筑理念为基础，已是明确无误的事实，"就贝聿铭来说，这座建筑也是一种尝试，也许对他本人是一个最重要的部分，引导中国人面向具有某种地方气息的现代建筑。"[20] 文章最后，作者引用贝氏的一句话来表明其立场："这真是一桩了不起的经验，中国人对这一设计不再进行挑战了。我们已经开始向中国建筑学习，其中有许多东西，仍值得探索，我是感到很欣慰的。"[21] 这句话的态度即是，对贝氏来说，中国是个他者。通过这个建筑，他在为其现代主义的设计王国重绘版图。或者说，这是贝氏现代主义的海外历险的新一站（之前是新加坡）。

这两篇域外的研究文章，收录不少贝氏只在某些私密语境中才会表露的片段想法，是对 1980 至 1982 年的四篇文章所代表的主体话语的补充。在 1983 年的大讨论（其时大学的话语不免偏狭，分析者的话语还在萌芽）之后，这一补丁话语发挥了不少效用。这几年关于香山饭店的研究文章，都有将贝氏的早年经历、各个时期的代表作品、事务所经营模式纳入一体来讨论的趋势，分析者的话语有所改善，那些关于"现代建筑"的各类误用，

20　戈尔特培格. 贝聿铭重新认识中国. 华中建筑, 1984（4）：101.

21　同上，第 54 页。

逐渐减少。[22] 尤其这篇主体话语（补丁）中提到的"现代建筑"，已经澄清了之前的那些歧义。

1992 年：新主体话语，反思大学话语

1992 年第 10 期《建筑学报》刊载了一篇杨士萱的《贝聿铭的事业与艺术》，文章挺长，将贝氏从 1948 年担任哈佛大学建筑学院助教开始的职业生涯梳理了一遍，到最近的几个大型工程为止。这应该算是迄今最完善的对贝氏的中文概述。作者在贝氏的事务所完成该文，其性质接近于 1980 年的彭培根一文与 1982 年的王天锡一文，是代言式"主体的话语"的新版本。

文章的主旨是贝氏数十年坚持不变的现代主义立场，"现代建筑"出现了四次。"贝先生从来不喜欢追求时髦，也不是一位可爱的理论家。他长期的创作是持续追踪打上自己标记的现代建筑。在后现代主义以及后来的解构主义流行的时代，他依然执著地站在现代主义建筑一边，他认为基于建筑的基本原理，现代建筑有着持续不朽的地位。他是一位站在现代主义立场上的丰富多彩的改革派大师。他不承认自己是晚期现代主义，他认为现代主义在他之后仍将会持续很长一段时期，而且会赋予它新的生命力。"[23] 这几句话可以说是贝氏的建筑宣言。需要注意的是，"现代主义建筑"这个词，是《建筑学报》自 1980 年第一篇有关香山饭店的文章起首次出现。它标志着，主体的话语开

22　这几年的研究文章（分析者的话语）已经有所变化。比如戴复东的《从上海华东大学到香山饭店》（《新建筑》1991 年第 1 期），张乾源的《从东馆到香山饭店》（《时代建筑》1984 年第 4 期），罗小未的《贝聿铭先生建筑创作思想初探》（《时代建筑》1984 年第 4 期），赵学东的《略谈贝聿铭建筑事务所》（《时代建筑》1990 年第 2 期），在这些文章中，1983 年大讨论中的热点民族化道路问题已经非常微弱，香山饭店基本上都被纳入现代建筑的范畴来讨论。

23　杨士萱. 贝聿铭的事业与艺术. 建筑学报, 1992 (10)：10.

始对 1983 年的大学话语进行反思。

文中，香山饭店按时间顺序出现在中间，这意味着该建筑被放在一个个人创作史（主线是"现代主义建筑"）的脉络中，对它的研究和理解，已经不可能离开这个语境。两个在 1983 年出现的"历史"问题，在文中被重新审视。第一个问题是，该建筑被当作后现代主义风格而受国外建筑师热捧，[24] 虽然在 1983 年的大讨论中没有出现这方面的表露，但那时国内的建筑氛围也正处于后现代热潮。大学的话语的民族化主旋律，隐含着这一潜在背景。杨士萱一文借着贝氏对国外建筑师所给予之认同的否定态度，含蓄地表达了对国内的类似观点的矫正。第二个问题是，贝氏与中国建筑师"在当时对中国现代建筑的认识上还有一些差异……"这实际上就是对现代建筑的认识差异。杨士萱写到，这件事"真正使他（贝氏）有些伤心……"[25] 可见，贝氏虽然缺席 1983 年的大讨论，但他还是很关注大家对建筑的反应，也为无法"十分默契和沟通"感到遗憾。

十年前的大学的话语，已成历史。缺席的"现代建筑"在主体话语的不懈追加补足后，总算回归建筑自身。

结语

从主体的话语的角度来看，《建筑学报》中的香山话语系统，已走完一个回环。在这个系统中，有两件事很重要。其一，从 1980 年到 1983 年的 13 篇文章，确定了那个时代的建筑话语模式。虽然"现代建筑"这一核心概念缺席，但是主体的话语、大学的话语、分析者的话语，在某种"误解"结构的运作下，都已显雏形。

24　"香山饭店开幕时，美国许多后现代主义建筑师，都认为贝聿铭终于拥抱了他们的观点，纷纷窃笑不已。"见前引文，第 6 页。

25　同上。

其二是从 1984 年到 1992 年，主体的话语发生变化。虽然八年时间里仅有两篇相关文章，但其意义不容低估。它们对前一阶段中的主体话语进行了补充与修正，主体的身份从一个"美籍华人建筑师"转向"现代主义建筑师"。到了 1992 年的杨士萱一文，"现代建筑"已不存在歧义，"误解"结构逐渐解体。

只是，这一变化会给大学的话语及分析者的话语带来怎样的作用，还很不确定。比如，大学的话语的更新，要在十年之后崔恺等三人的《20 年回眸香山饭店》对话文章之中，才初显端倪。[26] 由于大学的话语建立在行业者的普遍认同上，它是经验与知识的综合，所以其更新与个人无关，映射的是现代建筑观念向中国大地移植的整个过程。即，只有中国本土建筑师的现代建筑实践达到某一标准与规模，大学的话语才能发生真正的改变。在《20 年回眸香山饭店》中，我们看到，经过了多年的亲身实践之后，建筑师们才开始自觉地将自己的设计与香山饭店相比拟，并将之放在国际现代建筑全景图中（比如以日本现代建筑的平行发展做参考）来衡量其价值。这是 1983 年的大学话语无法想象的。

现在，有所缺憾的是分析者的话语。在三种话语中，它的更新之路最难。1983 年以来，它在主体的话语修正后（"现代建筑"回归建筑自身）的推动下，确有一定程度的改观，但大部分只限于在贝氏创作史中建立起关系线，比如对香山饭店与东馆、早期的上海东华大学方案、苏州博物馆之间的纵向比拟研究。这当然比 1983 年的"误解式"批判有所进步，但仍缺乏问题化的导向，只算是为贝氏传记增添了些许内容。

26　与 1983 年的大学话语（以《香山饭店座谈会》为基准）相比，可以说，直到 2000 年后，它才在另一场座谈会中得到更新。20 年间，专业界对香山饭店的理解发生巨大变化，其中最重要的一点是对香山饭店的现代建筑性质定位有了普遍认同，并在此基础上进行价值讨论。参见：崔凯，庄唯敏，朱小地. 20 年回眸香山饭店. 百年建筑, 2003（1）.

在香山的话语系统中，分析者的话语真正要面对的是两个基本问题：一座现代建筑是如何诞生的？这座现代建筑的意义何在？前者事关设计与知识，后者事关历史与社会。如果我们不再纠结于对中国元素与西方思维之间关联的想象，或者民族化道路等宏大命题（这是萦绕在分析者话语头上多年的两大阴云），更换新的切入点与概念框架，就能实现对分析者话语的真正更新。实际上，崔恺等三人的对话已经给分析者们提供了切入点上的提示：当代中国建筑与香山饭店的关系，日本现代建筑的平行参考（现代建筑的东方移植的不同道路）；而概念框架的设定，则需要分析者自我选择。无论是设计与知识，还是历史与社会，我们现在都拥有了多种分析工具。

时至今日，分析者的话语已经不再像 1983 年那样，被主体的话语与大学的话语所抑制。它已逐渐发展成为某种独立的话语力量，在话语系统三足鼎立的结构中，将占据越来越重要甚至可能是最重要的角色。所以，如果某一天，《建筑学报》上出现了一篇以某种未曾见过的话语来讨论香山饭店的文章（分析其空间模型、尺度比例、材质节点，以及那张奇特的山水轴测图），那香山话语系统的更新才算真正完成，香山饭店的历史责任才算暂告段落。它以开启现代建筑的中国之路为始，以见证（或者说刺激）新的话语的诞生为终——在使用了这个房子 30 年后，我们终于可以用另一种方式来观看、理解、讲述它，以及自己的现代建筑了。

5

三顾宜兰

三顾宜兰

一顾

2012 年 3 月，我在台湾大学访学。4 月初的一天，朋友王俊雄开车约我到宜兰，参加一个关于宜兰建筑的研讨会。宜兰在台北的东北方，被重重的雪山隔开。2006 年，一条五公里长的山洞隧道（全世界第五长，有个很美的名字：雪隧）竣工，让两个城市迅捷地联系起来。我们在台北捷运的大湖站见面。天气有些阴，很是凉爽。一出雪隧，雨点就落下来。王俊雄指着眼前一片开阔的平原说，这就是宜兰，总是在下雨。

研讨会共两天，分参观和讨论两个阶段。地点在姚仁喜设计的兰阳博物馆里，这里还有一个与研讨会配套的"战后兰阳建筑展"同时进行。参观日看了很多不错的房子，从 20 世纪 80 年代到最近完成的都有，重头戏是日本象集团设计的几个房子与冬山河亲水公园等景观作品。20 年前我还是学生的时候，曾在日本的《建筑文化》杂志上见过象集团的一些作品。印象中，他们做的东西很本土——木构，轻巧，重视自然环境。现在才知道，那时候他们已经在宜兰工作了很多年。

宜兰县政府大楼是象集团的代表作。那是个没有明确外貌的建筑，水平展开的形体（共三层）被细微地拉伸，各种植物生长数年后逐步瓦解了建筑的物质感，看不出具体的样子，但颇吸引人。县政府办公楼有很多出入口。换句话说，没有大门、警卫之类的东西（有一个不显眼的主入口）。内部空间尺度并不大，但很宽敞阴凉，很适合宜兰闷热的气候。设身处地想想，夏日于此上班，真是很舒服。内部功能井然有序，但也看得出来，设计者的高迪式自然主义情怀是主线。整个建筑四处连贯，还可通到屋顶。屋顶有土堆（覆土）、树、各种花卉植物，如果加上点野生动物，就无异于野生森林了。

冬山河亲水公园和罗东运动公园都建设了很长时间，一个五年，一个近十年。日本建筑师精密的科学式工作方法很适合对付宜兰敏感的水土状况。两个景区处处用心，感觉设计者的完美主义四处泛滥。不过，虽然细节精致周全，但是完美感似乎处于刀锋边缘——就像原本的生态系统，既细腻又脆弱。这让我们的眼睛很忙，心里也跟着闲不下来。在罗东运动公园的出口遇到设计者石村敏哉。他的样子和当地人没有什么差别，闽南话也说得不错。据说象集团和高野景观的几位日本建筑师因为工作太投入，都迷上了这里，或举家迁于此，或娶了当地女孩，干脆当了宜兰人。

傍晚，回到兰阳博物馆。我在展厅里转了转，大部分作品都在白天见过。其中有一个巨大的木制模型特别引人注目（它不在参观名单里），一米多高，看似很重，外部和内部都做得很精细。我用手指敲了敲，声音很硬朗。我告诉王俊雄，这是今天看到的最有劲的东西，因为它很像文艺复兴时期那类尺度宏大的木制模型，比如伯鲁乃列斯基（Filippo Brunelleschi）的大穹顶模型和帕维亚大教堂的模型。王俊雄说，它确实是展览的一个重点，象集团在宜兰最大的项目"二结王公庙"，也是最有争议的项目——争吵的唾沫大概可以淹死人，还有的就是15年前那场轰动一时的"千人移庙"（好像也是只有文艺复兴时期才有的壮举）。这个项目已经停摆十几年，主要是因为建设费用高达十亿新台币，

二结王宫庙铁木模型

很难到位。模型用的是铁木，每次移动、安装都需要吊车或数位壮丁协力才行。

研讨会在兰阳博物馆的二楼，会场很亮堂。几位来自不同学校的学者各自发表了论文。以我对宜兰了解几乎为零的状况来看，他们的研究都持续了很多年。令人诧异的是，这个不起眼的小城市（只有40多万人口），居然在历史、地理结构的演变上大有可谈之处。20年间，这里出现大量优秀的建筑作品，并非偶然。会议从上午开到下午。午饭休息的时间，我抽空去看凤凰。

那是真的凤凰。来宜兰前，一位台湾朋友告诉我，去宜兰一定要看凤凰。一个私人养殖者花费数十年光阴在宜兰县某山脚下弄了一个生态养殖园，里面"供奉"了很多珍禽，其中有传说中的冠青鸾，也就是凤凰。所以，我的这次宜兰行，凤凰是一个主题。王俊雄让一个学生开车带我前去。路上花了很多工夫，我们总算找到凤凰园"碧涵轩"，一个废弃的油库附近，相当偏僻的地方。不料，凤凰还是没看成，因为需要预约，似乎珍禽不是想看就可以看的。我们白来一趟，只好开车返回会场。

下午继续开会。我参与了最后的综合讨论环节。按理也要发发言，只是短短一天半时间，我对宜兰的巨量信息还未能很好地消化，说不出什么东西。不过顺便问了黄声远（他正好坐在我身边）一个小问题："在这个宽敞明亮的公共空间里，这么多资深的学者讨论宜兰经验都会提到你。我很好奇，在他们说到你的名字的时候，你（这么年青）心里在想些什么？"黄声远认真地想了一想，讲了他目前对提高建造质量这件事的在意。会后一起吃饭，我问起宜兰凤凰的事，满座研究宜兰和在宜兰生活的人几乎全都不知凤凰的存在。

二顾

一个多月后，王俊雄来电话，约我再去宜兰。这次是专门带我看看黄声远的房子，还有他的田中央事务所。

几天前，雪隧发生了一起恶性交通事故。数车相撞，三人身亡，数十人受伤。因为事故发生在雪隧中端，且有两辆大客车起火燃烧，整个隧道黑烟滚滚，数百人受困，险状非常（隧道火灾极度危险，这次未造成更大伤亡实属万幸）。这是雪隧通车以来最大的一次事故，所有电视报纸都是铺天盖地的新闻和全民热议。我们不由庆幸没有约在那一天。

进入雪隧，明显感到气氛异样。前后车距都较远，大家开得很谨慎。路过事故发生的地点时，看到隧道内壁和顶上大块火烧的痕迹，让人不禁心有余悸。

出了雪隧，毫无意外地依然在下雨。第一个点是宜兰火车站前的一条街。这是宜兰火车站一排老仓库的改造，是一整段街区。我们在街的另一边平行地走了一趟。感觉很舒服。虽然都是旧东西，却透出一股清新和新鲜的味道。我们从这列房子中间再走了一遍。看得出来，黄声远把这排旧房子里面有看头的元素全都保留了下来，隐秘地做了加固处理，填补上细腻的结合物。这些空间的尺度大多比较开阔，有很多使用的可能，以后大概是做文化创意产品和餐饮的经营。不过在我看来，这里更像一个舞台布景，适合拉斯·冯堤尔（Lars Von Trier）之类的艺术导演干点什么（比如他的《狗镇》）。观众正好在街的对面，边走边看。

户外一些粗壮的水泥墩用水刀切割成各种有趣的样子，可以当椅子坐。水刀切过的断口（混凝土加钢筋的剖面）很漂亮，有点手工制作的意思。后来想想，这排建筑的很多构件（墙、梁、屋顶）似乎都被水刀切过。看来黄声远很喜欢这个工具。

街道的端头，对面的街角是一个很大的绿色森林，15米高的全钢结构的树丛。树顶覆上玻璃，就成了一个可避雨休憩又极其明亮的户外广场。广场空间很棒，与另一面旧街区的低调处理正成对照。整个空间像个小故事，有起有伏，有始有终。不过，无论是旧库房区还是铁树广场，都人气萧条。据说是因为旧库房后面的火车站还在运营，一排排的铁轨把后面大片的住宅区和这边的街道街区隔得很开，难以形成来往的人流。而且，宜兰的几条高速公路都在建或已建成，火车站的意义越发降格。这些都是人气不振的原因——当然，也是黄声远介入其中的原因。不过，这个火车站很快就会弄成高架，届时，铁轨两侧的地面空间会连起来。黄声远现在正为火车站做一个画家几米的创意广场。大家都还在努力中。

第二个点也是一条线，从黄声远在宜兰的第一个较大的项目杨士芳纪念林园开始。这个房子是地景思维——从地面到屋顶，再到地面——与县政府大楼有点类似。斜面趣味表露了建筑师的美国经验（后来得知，在宜兰，建筑师设计斜屋顶时，政府会有补助）。建筑的完成度不错。只有设计过度，少有设计不足。感觉是建筑师在用心积累实地经验：材料、构造、空间尺度，与外部环境的关系。没有放过一个可以展现设计欲望的地方。建筑靠街边，另一侧是一片老社区，大多是低矮的小房子。社区入口就在杨士芳纪念林园对面，几个被水刀切割过的很有情调的断墙和墩柱，一看就知是黄声远的手迹。

　　社区内部的路很窄。地面和墙面都有处理。不同材质的细微编织，颇为用心。这些工作都是耗时费力，效果难说。因为建筑师要一户户地去和那些居民讨论如何修补他们家的外墙和后院，不过这对提高黄声远团队的沟通能力应该很有帮助。小路的尽头是一个很大的房子——宜兰社会福利馆，位于罗东文化中心前，是黄声远目前最大的项目。由于房子是为社区残障人士所用，所以设计的细节非常人性化。当然也有不少设计过度的地方，以至于它的使用超出正常的方便舒服，让一些办公机构（县政府社会处之类）争相涌入。

　　社福馆的二层做了个户外平台，一直连到不远处的过街天桥——屋桥。这也是个过度设计。尺度粗壮的钢构、枕木、混凝土的组合把桥下的破烂街道压得死死的。

　　走过屋桥，眼前就是宜兰河和黄声远最闻名的"附挂桥"。它的正式名字是"西堤便桥津梅栈桥"。河面比较宽，大概 100 多米。主桥很普通，是旧旧的混凝土结构。"附挂桥"挂在桥侧，也很普通。如果不是有一排外伸出来的钢管，像旗杆一样，几乎会让人错以为那是主桥维修用的某种金属网架。天依然阴沉，小雨不断。我们走上这座桥。桥不宽，三人并排就有点挤。这天人很少，桥上很松爽。桥面、栏杆的构件都很细巧，和刚刚经过的粗野式屋桥迥然不同。风从身边脚底吹过，人像飘在空中。据说黄声远为这个桥跟若干职能部门谈了好几年——如何设计，反而是这个项目中最末节的一环。

　　将近中午，我们赶去"田中央"和黄声远会面。一起吃过盒饭，聊了会，看了看工作室上下两层到处堆满的模型和图纸。除了大陆地区最常见的开发项目，这里基本上什么类型的设计都有。其中有几个怪异的东西吸引了我的注意——一个废弃飞机掩体的再利用，一座漫山遍野的墓园，一个跨度不小的混凝土桥和宜兰市区的一条旧河道整顿。看得出来，这些项目建筑师都赚不到太多的钱。吃过饭，我们和黄声远挥手告别。驱车再次去看凤凰。

雨越下越大，我们总算赶到凤凰园，和一堆人一起涌进园子。为了躲雨，鸟儿们都蜷成一团，缩在角落。我们没看出什么名堂。只见园主人很高兴地冒雨在园子里捡起几根羽毛。对他来说，这场雨很宝贵。鸟儿掉了羽毛，碰上大雨，无暇去踩烂啄碎——它们很有灵性，为了不暴露自己的行踪，通常都会把自然脱落的羽毛抓烂吞进肚子。完好的羽毛极其难得，这天是园主人的幸运日。

我们返回宜兰市，去看罗东文化中心。这个金属巨构（高九层）刚刚完工。上下看了一遍。几个"中间"的空间很不错：大屋面下的空间，空中盒体与大屋面之间的空间。尤其是盒体的屋顶，站在上面远看市景，心情说不出的畅快。这个结构物已经成了宜兰的标志性建筑。它前后建了十年，现在总算瓜熟蒂落，让很多人松了一口气。王俊雄讲到他为这个房子准备的"开光"礼物——一个三校联合的毕业设计展，就布置在空中的长条盒子中。

这个大钢架并不孤单。不远处还有黄声远设计的两组东西，一个极限运动场地，以及一座桥（黄声远设计了不少桥）。它们与罗东文化中心连成一个综合的空间结构。城市道路从中迤逦穿过，将它们连成一体。这几组东西之间有几片浅溪。溪水透亮，水草茂盛，衬托着边上的金属巨构，颇有一番诗情画意。

想起中午吃盒饭时，我们聊到如何判断好的建筑。我的看法是，好的房子，会给场地环境以正面的刺激，反过来，场地也会有善意的回报。一个月前，我在宜兰县政府大楼里乱逛，偶遇一个20多平方米的水池，水很活，极其清澈。池边凉意阵阵，我当即就想找个地方躺下来小憩。后来听王俊雄说，这个水池既非原始之物，也非设计所得，而是真正的涌泉——在施工的过程中，地面突然冒出一片泉水。设计者临时调整设计，将之做成一个内部的曲池。这正是场地馈赠房子的礼物。黄声远说，罗东文化中心前的那片浅溪也是在施工期间突然出现的。水里的芦苇很有活力，比宜兰常见的芦苇要高一些。

这天是房子的检验日。在屋顶的夹层空间，几个质检人员在工作。我们没有打扰他们，自行离去。远远看到黄声远的车匆匆赶来，大概是和质检员有约。

三顾

2013 年 3 月中旬，我又来台北，在淡江大学访学。吴光庭老师正好带学生去宜兰看房子，约我同去。这样，我有了第三次宜兰行。

前两次宜兰行，一直下雨。这次却阳光普照，似乎在展示另一个宜兰。第一站是兰阳博物馆。吴老师带学生入内参观。我在外面的小摊上买了一顶草帽，坐在石凳上晒太阳——难得的宜兰阳光。随后的一天里，我基本没下大巴，在车上写这篇《三顾宜兰》。

中途下车了两次，出来觅食。在宜兰县政府大楼，因为是周末，大楼里的咖啡馆关了门。自动贩卖机也是空的——准确地说，整栋楼都是空的，很是怪异。我楼上楼下乱窜，一无所获。正巧碰到吴老师，我问他，为什么偌大的市政府办公楼找不到一点吃的？那些公务员平时饿了怎么办？吴老师回答，没办法，都是马英九害的（搞"廉政"搞的）。无奈，我跑到外面的街道上。这条大道挺荒凉（上次居然没有发现这一点），附近没有饭馆商店之类的消费场所，连最常见的 7-11 连锁便利店都看不到。总算在街对面一个加油站买到一瓶含糖的饮料，暂时充饥。吴老师安慰我，到罗东就有吃的了，那里比较热闹。

到了罗东文化中心，我在西面的街上找到一家馆子吃了碗牛肉面。街上人很少，店面都是普通的餐饮和摩托车修理之类，房子也很破旧。从街上转过来，罗东文化中心的黑色大钢架突然出现在眼前——但并不突兀。它很像一个大教堂，是市民在例行时间里汇集的场所，平日即使不走进去，看到它也让人很安心。

罗东文化中心前不久发生了两件大事：在这里举办了台湾金马奖的颁奖礼；得了第三届建筑传媒奖的最佳建筑奖。吴老师说，金马奖颁奖礼对建筑的使用有点问题，活动时将大屋顶下的广场空间用帷幕围了起来，违背了它的公开性原则。它本来应该向周边的市民开放，而不是专供"社会精英"所用。如何不违初衷地运转它，以后仍是个问题。传媒奖的结果是，大陆的建筑师对它产生了浓厚的兴趣，以后的相关来访会很频繁。

夜市是此行的最后一站。在宜兰（罗东），最热闹最有人气的地方是夜市。下午五点，大巴停在夜市口附近，同学们欢欣鼓舞地下了车，直奔各类吃食而去。我才发现，原来宜兰还有这样热闹的地方（一直以来的印象是这个城市的街道空荡荡，没什么人）。司机拉着空车和我转了几条街，停在罗东文化中心前的停车场上。司机去吃饭，我留在大巴上，继续构思文章。

天色渐黑，我尽力回忆这几次宜兰行（包括正在进行的这一次）的细节，希望能拼合成一张完整的图像。象集团、高野景观、黄声远、姚仁喜的房子是主要内容。但是，某些东西也并非不重要，比如雪隧、凤凰、雨、水池、县政府大楼外的荒凉大道，还有第一次会议时经常听到的一个词"宜兰厝"（最后那个字我一直都不知道怎么写，也不知道是什么意思）。它们搅成一团，把我的记忆地图弄得比较复杂。尤其是这个意外的第三次（陪游），它回溯修改了前两次的记忆，使许多原本比较明晰的印象变得模糊不清。

象集团的县政府大楼向我展现出另一面，简陋的外部环境。从这边来看，几个房子所围合的完美景观像一个不真实的梦。黄声远的罗东文化中心正从明星建筑向普通建筑转型。它在努力融入城市，并且面临苛刻的"用后评估"的检验，而他（和它）对大陆同行的刺激才刚开始。冬山河亲水公园我没有下车，打瞌睡的时候，王俊雄突然跑上车。我很意外在这里看到他。原来他这段时间一直在这里张罗一个建筑展览，还要做些景观更新。看来，除了每年一次的童玩节（宜兰的年度大事），这个公园越来越有用了。危险的雪隧和神秘的凤凰，前两次已成主题，这次我几乎全然忘掉。甚至连刻在脑海中的阴湿天空和无尽的宜兰之雨，今天也被刺目的阳光彻底蒸发。

这张记忆地图需要重新绘制。我摸黑在日记本上记下这个感受（司机要节能，把灯都关了）。六点钟，逛完夜市的学生陆续回到车上，准备返回台北。吴老师从夜市给我带了一杯奇怪的冷饮。一小盒滚烫的黑米小汤圆，倒在一大盒双色冰淇淋中。我吃了一口，冷热交杂，有点怪异，但是很好吃。这个东西叫什么名字？吴老师说他也不知道，只知道是罗东夜市诸多著名小吃中的一种。我们聊着天，不知不觉把这盒冰淇淋吃得干干净净。突然想到，宜兰给我的印象之所以不明朗，其实和这杯冷饮一样——它在一些极端的差异成分中，寻找某种微妙的关系。

就像这片平原（兰阳平原），那些建筑又美又脆弱。而且，越脆弱，越迷人。它们如同刀锋上的平衡，创造着某种不稳定的美和摇摇欲坠的心理快感。大家不知道这个平衡能坚持多久，但是所有人都在尽力维护它，投入自己的智慧和心力。大概正因为此，"社区总体营造"（1994 年文建会副主席陈定南推动的政策）由下而上的概念，才能在此深入人心。并且，它与罗东文化中心这一钢铁巨构，以及规模更为骇人的二结王公庙（它总算动工了）也并不冲突。因为，这些巨构无关炫耀，它们都在尽力建构以自己为中心的生态小系统，以便和原生的生态大系统衔接上——罗东文化中心旁的浅溪底下的水草居然还能卖钱创收。

大巴穿过雪隧，进了台北市。学生都困得睡着了。我的大脑也转不动了。这篇《三顾宜兰》实在谈不上与宜兰有什么本质的触碰。越多了解，越多模糊。我打消了绘制完整图景的计划，决定只把一年间的记忆变化写下来。第三顾已经结束，晕乎乎的大脑里只剩下刚吃完的那盒冰淇淋（它肯定有个奇怪的名字）。记得有谁写过，了解一个城市要从它的食物开始。可以说，我对宜兰的理解就始于此刻，以及眼前这盒冰淇淋。

宜兰雪隧　　　087

6

遥远的

目光

遥远的目光

一

很多年前，我在某建筑杂志上看到一篇关于台湾宜兰县政府大楼的文章。印象中，它由日本建筑师设计，走自然主义路子——水平展开、曲线、覆土之类。大概是图片质量的问题，房子的细节比较模糊，看不清端详。在那个建筑刊物争相登载现代（或民族）风格的时代里，这一政府办公楼显得比较古怪，它没有惯常的政府味道（肃穆、秩序感），也与办公楼设计的通行旨趣（几何体，或大屋顶）相距甚远。它留在我脑海里的是，台湾建筑的路数有点怪异，当地政府的口味也是如此。

2012年春天，我到宜兰参加一个建筑旅游活动，这个县政府大楼是其中一站。无意间的探访，使已消退的记忆瞬忽回来。

其实，这个大楼不是一个孤立的建筑。它是宜兰县的核心——县行政中心"新市镇"——的一部分。除了政府大楼，这个"新市镇"还包括县议会大楼、县史馆（覆土建筑）、中央公园，从规划到设计都由县政府委托日本的象集团来完成。从1987年到2001年，前后花了14年时间。当年在杂志上看到的，大概只是县政府大楼1997年刚完工时的模样，与现在多个单体建筑围合大面积景观的最终空间模式大相径庭。

那天下着小雨，我们从旅游大巴上下来，一眼就看到左首县议会大楼高高翘起的飞檐。右首是层层树木，隐约有房子在其中，那就是县政府大楼。中间有一条5米宽、100米长的砖砌步道，它与城市主干道垂直相交。步道尽头就是这个行政中心的总入口，也是中央公园的入口。

公园挺大，一半水池一半草坪。与步道相接的是水池。它呈带状，一边蜿蜒到县议会大楼前面，另一边则延伸到政府大楼前。实际上，从大街上看不到县政府大楼。它只有一翼的端头朝向大道，而且被一排排大树遮住，只有在走完入口步道，进入中央公园之后，它的正面才展现出来。时隔多年，这一面也被分布在建筑周围大大小小的树挡得差不多了。

看上去，这个房子已被树林吞没。即使站在它正对面，眼前也是一片朦胧——它只有三层，还不及一些树高。那些从树杈间隙显露出来的部分（墙壁、屋角、窗台、檐口）也是灰灰绿绿，与树的颜色相仿。加上几个木构的屋顶花架以及四处蔓延的藤蔓，建筑与各类植物已然融为一体。我记忆中的高迪式自然主义风格，现在只剩下自然了。

二

自然也侵蚀进房子里。为了应对宜兰夏日炎炎、雨季绵绵的湿热气候，设计者将建筑体量零散化，水平拉开，留出大量的中庭与天井——大小不一的缝隙空间。内廊、外廊是设计的重点。它们的形态、尺度、材质的组合各有不同，且纵横交错，将办公的组团空间和这些缝隙空间编织在一起。除了引入光线、流水、植栽，建构空气对流与交换系统之外，这些小空间还是极受工作人员与外来者喜爱的休闲场所。一位建筑师朋友告诉我，他每次来这里，无论是带学生参观或是出于个人事务，都会找个小天

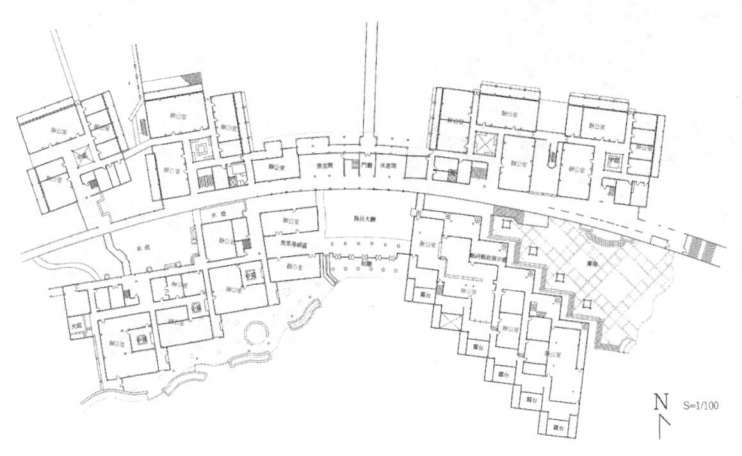

N S=1/100

宜兰县政府办公大楼一层平面图

井，坐在木椅上舒服地小憩一会儿。

在西端，有一个面积约 80 平方米的水池。三面环绕着外廊，开敞的一面向外，它是建筑的西端出口。水池中部有一个两层的木桥横跨而过。水色极其清冽，池中有鱼，池边各色植物长势繁盛。我无意间走到这里时，微风吹过，凉意阵阵，很是宜人。据说，这个水池并非场地原有之物，也不是设计者经营所得，它是施工过程中地下突然冒出的一片涌泉。建筑师为其所动，不惜临时修改方案，将之完好地保存下来。完工以后，它成为该建筑最精彩的一笔（也是我的记忆重点）。这是场地对建筑的馈赠，它足以证明这是一次尊重环境并为之加分的正向建造。

北面紧邻的县史馆是一个覆土建筑。有坡道可直接上到屋顶。之前完成的县政府大楼的屋顶是叠落式，二、三层均可上人，放置了很多小型植栽，修剪成不同模样。等到县史馆完工后，其粗犷的覆土屋顶（种植了多种尺度颇大、自由生长的植物）和这边的三层屋顶连接起来，县政府大楼的"小清新"屋顶平台扩大为一个巨木森森的野生公园。

宜兰县政府大楼入口门厅内的侩木段

大楼庭院内的"涌泉"

宜兰县政府大楼屋顶平台

县史馆的中部是一个大中庭，中间放置了一些侩木所制的装置。柱子的饰板和屋顶的梁架构件用了很多侩木。相呼应的，县政府大楼入口门厅也有一块巨大的侩木，按其断口来看，至少有数百年树龄。侩木是台湾的标志，也是日据时期资源浩劫的受难者（日本人几乎将台湾地区的侩木砍伐殆尽）。近百年来，大雪山上仍不乏私自伐木者，他们将伐下的巨木顺着冬山河滚滚而下，很是便捷。在我看来，这块侩木既表明了宜兰县政府对自然保护的重视，也有设计者为历史致歉之意。

三

自然，就是宜兰的历史。宜兰（兰阳平原）在台北的后山，背靠大雪山，面朝太平洋，气候温湿，地表生态敏感。雨水多则土地流失，雨水少则易干旱。由于雪山阻隔，兰阳平原与西部平原虽然直线距离并不远，却一直处于分离的状态，这里因此成了清净无扰的化外之地。直到 18 世纪中期，兰阳平原都为原住民噶玛兰族居住，1875 年清政府才给予其"宜兰厅"之名。千年以来，这里的地貌风土、农耕水利，都无甚变化；即使是 20 世纪中后期的西部平原（台北）的"恶质"开发，对宜兰也影响不大。所以，直到 20 世纪 80 年代初，宜兰的自然环境都还保持着难得的平衡。

这就是该建筑的"自然"所指向的历史，宜兰的千年生态史。其中也包含一些并非不重要的插曲——日据时期的宜兰近代史（侩木的寓意）。此外，"自然"还是宜兰当代史的主轴。它是县政府大楼"自然化"的根源。

拜大雪山所赐，宜兰未受台北都市开发的污染。但是，都市化趋势毕竟不可阻挡。1981 年，陈定南就任宜兰县政府，推行宜兰空间改造运动。他从改善公共空间品质着手，整治主要河川、开发观光资源，建立整体的都市构想。象集团就是在此时被引入宜兰，完成他们在此地的首个也是历史性的作品——冬山河亲水公园（1987—1993）。这个大型景观设计很成功，它提升了宜兰公共空间的品质，带来巨额参观收入，创造了更为难得的国际声誉。另外，它还是以极少代价治理好宜兰多年来冬山河水患的历史"杰作"的副产品。继任的游锡堃县长延续了陈定南的思路，将陈的"环保大宪章"升级为"空间大宪章"。90年代初，县政府委托台湾大学城乡研究所进行"2001年新兰阳计划"，并在此研究基础上邀请刘太格的新加坡团队花费数年完成宜兰县总体规划，对都市、农村、山林、海岸进行一体化思考。在这个决定性的总体规划中，环境敏感地区（自然保护区、森林、山坡地保护区、高生产力农业区、旅游景观区）占县总面积的90%，主要发展区的面积还不到10%。

脆弱的自然被小心翼翼地维护着。县政府大楼（以及县政中心）是总体规划中主要发展区的内核。这个节能环保的"绿建筑"，接续冬山河亲水公园而来。它是对过去的纪念，对近代的反思，也是对当下的定义——宜兰无意成为台北的附属品（无数台湾小镇的宿命），它是一个有着主体性的，尊重人与大地的，永续发展的农业县。

四

当下的"自然"，还有另一层含义。县政府大楼被称为"（史上）最民主的办公楼"。它有29个出入口。自然要素内外渗透、相互贯通，相伴随的是对建筑的无障碍使用。人们可从四面八方任意进出，这里没有岗哨，没有轴线，没有威权意识。在此，自然亦是自由。

这就是县政府大楼的"当代史"角色。其自然主义的设计手法并非单纯地应和环境的历史特征，而是对宜兰总体规划中的"县政中心"与"政府大楼"两个词汇的全新演绎。政府管理机构的运作，将在一个绿色的、休闲的、开放的空间里完成，——

呈现于市民的眼前。它接受所有人的监督，进而成为大家"真实的日常生活"的一部分。这里，自然是一种立场。它的靶子是另一个真正的中心——台北。那个著名的"国际大都市"是无序发展、地产投机、规划混乱、管理失则的代表。

在总体规划中，县政中心被设在主要发展区的枢纽处，也在兰阳平原的心脏位置。它是推进规划目标（"创建出健康、美丽、富裕、民主的最佳生存空间"）的发动机，也是检验其成效的试金石。将近 15 年过去，县长换过几任，但总体规划没有半途而废，它缓慢地向现实转化。1994 年由仰山文教基金会发起的"宜兰厝"计划，1999 年的"新校园运动"，2000 年启动的"兰阳新月计划"，一轮轮的空间改造运动接踵而至，将总体规划逐项落在实处。就县政中心来说，这一次建筑旅游让我亲历该大楼机能的顺畅运转，以及形态上的深度"绿化"的盛景。它经受住了时间的考验。

总体规划之前，县政中心在旧城的南门，宜兰公有土地最多的地方。它被搬迁到兰阳平原的中心之后，原所在土地被抵押出去，变更为住宅区，以获取搬迁经费。这不是一次单向的中心转移——通常的结果必然是新地繁荣，旧处凋落。宜兰县政府按照总体规划的意向做了一个庞大的"南门计划"，对旧址以及周边的公有土地做出通盘思考。原县长公馆保留下来改为博物馆，把整个空间转变过程展示给公众；另设演艺厅等公共建筑活跃人气；附近的酒厂、火车站以及宜兰河都被纳入进来。被标走的开发用地里，后来发现有许多大树。如何保留大树，又顾及开发商的利益，成为摆在"公部门"面前的棘手难题。对他们来说，那几株大树也是生命，必须慎重以待。因为，总体规划要建构的"最佳生存空间"不分等级，存在于所有地方，适用于所有生物。

五

政府大楼的定义被重构。它不比那些险遭遗忘的大树更重要。高迪的原始自然主义被引入，恰是天赐良机。其植物崇拜与洞穴崇拜，与时代精神（20 世纪 80 年代中期是台湾的一个转型期）一拍即合：摒弃威权意识下的权力模式，重回土地空间原有的平衡状态。此时此地，政府大楼不是控制、管理机构的森严壁垒，它是一个彻底开放的公共空间，一个"公部门"的普通工作场所。在阳光、微风、细雨、水池、植物、泥土等自然要素的协调下，市民的政治生活与日常生活融为一体。

这个时间点耐人寻味。20 世纪 50 年代以来，欧、美、日各路现代主义建筑师在台纷纷登陆，留下作品。瑞士人达兴登（Justus Dahinden）在 1960 年设计了台东公东高工圣堂大楼；德国人波姆（Gottfried Böhm）在 1960 年设计了台南县后壁乡菁寮圣十字架堂；贝聿铭在 50 年代设计了台中东海大学教堂；丹下健三在 70 年代设计了新北市八里区圣心女中。这些建筑对台湾影响不一，且各有学术传承。相比之下，作为现代主义重要一脉的自然主义（高迪的加泰罗尼亚风格与赖特的有机主义）却难寻生存空间，虽然以台湾丰富素朴的地域传统来看，这类自然主义理应更受认同。

1997 年完成的县政府大楼打破了这一格局。它使"在地"成为一个概念，赋予这二字以具体内涵（对公共空间的激进定义，自然崇拜，权力消解）。与此同时，它也在提醒大家，"在地"二字是多么虚幻：如果没有对宜兰的地域空间在政治性质上的整体预设，这个建筑不可能出现。

毫不意外，这个难得一见的现代主义传统（尽管是日本的舶来品）没有延续下来。在宜兰，"在地"实践已成显在风气，无论是总体规划下的各项空间改造运动，还是新一代的宜兰建筑师，都被媒体与理论家归于这二字之下。但是，县政府大楼式的自然主义却如流星划过，未能再现。"兰阳新月计划"只是渐进空间改良，对传统生活与记忆加以保护；"宜兰厝"涉及居住与家庭，但与公共行为和权力的关系微弱。它们各有精彩，但都不脱朴素的人文主义与浪漫主义的传统情怀。新建的公共建筑（社福馆、兰阳博物馆、地政大楼）有"在地"之誉，也都难祛除建筑自我表达欲望的惯性。实际上，它们仍是前文所述的另一类现代主义传统的继续。

激进的时代一去不返，"在地"已渐渐淡化为某种空间美学和建造诗学。它成了建筑师们提炼个人语言的资源，理论家建构观念模型的武器——它对应的是全球化、都市发展、地域主义、台湾性等空洞概念。

六

不过，仍存在两个意外。在我看来，它们尽管没有采用原始自然主义的手法或风格，却是县政府大楼"在地"的激进性的曲折再现。

一个是 1999 年"9·21"地震后的"新校园运动"。它起源于20 世纪 80 年代中期由陈定南发起的"校园环境整治"，是 80 年代教育改革运动（"多元开放"）与宜兰空间改造运动相遇后的产物。教育、校园、家庭等日常词汇（以及之间的关系）被重新界定，并托以具象空间与之呼应。"开放式校园"、"学校家庭化"等理念，随着东澳小学（1986 年）、育才小学（2001 年）、南屏小学（2001 年）、凯旋中学（2007 年）的建成逐步成形。县政府大楼的"在地"内涵被进一步阐述，令人惊喜。

不过，激进的空间定义需相匹配的空间塑造，"新校园运动"中的设计投入还远远不足。毕竟在县政府大楼中，象集团成熟的空间经营技术起着至关重要的作用（其实他们在日本有非常出色的校园设计）。当然，这些问题无伤大雅。这个系列仍在继续。并且，由于其规模与社会影响层的潜在优势，它的意义目前还无法估量。

　　另一个是黄声远的罗东文化工场。在我来看，这个 18 米高的黑色大钢架（"罗东天棚"）足以媲美县政府大楼。它与地景设计一起，对公共广场的含义做出破格演绎：它是一个真正自由的空间，其超乎城市的尺度与绝对的物质性制造出一个巨大的空无，将自然、人群全部包容进来，并赋予"使用"以无限的想象力。天棚之下，贵贱不分，万物等同。这里只有邀请，没有干涉甚至建议。自由，在县政府大楼指的是以自然来消解建筑的权力本质，在这里指的是功能空白所带来的意义充盈与想象力的无尽生长。和县政府大楼一样，这里也有一片长长的浅溪在施工过程中冒出来——土地的馈赠。

　　可惜的是，"天空艺廊"（空中盒体）破坏了这一自由。它占用了宝贵的天空与绿地，使诗一般的空气式建筑，降格为乏味的空中建筑。强迫性的功能设定（文化、艺术之类），使空白受损，想象力空间也随之萎缩。甚至地上的那块"文化市集"也是如此。走在街边，看到那一片片混凝土墙，感觉不在里面做点有价值的活动，就会对不起它。

　　尽管遗憾多多，这两组建筑仍算是县政府大楼的自由精神的遥远回音。种子已经播下，未来的结果值得期待。

罗东文化中心（左侧），2013 年

七

时隔一年，2013 年 3 月，我第二次来到县政府大楼。正值周末，楼上楼下几乎看不到人，空荡荡的。只有和我一起来的淡江大学的建筑系学生在里面安静地参观、记录。我有些肚饿，但是偌大的建筑里却找不到吃的东西。我跑到外面的街道上。这条大道挺荒凉。虽然还是三月，天气却很热。我顶着刺目的阳光左右观望。附近只有加油站、仓库、汽车修理店，没有饭馆商店之类的消费场所，甚至连台湾最常见的 7-11 连锁便利店都看不到（后来得知，依照总体规划，主干道两边禁止住宅区与商业活动）。我在街对面的一个加油站总算买到一瓶含糖的饮料。加油站的女孩看我的样子很抓狂，慷慨地从冰箱里拿出一个自家吃的甜筒送给我。

我贪婪地吃着甜筒，一回头，看到隔街的县政中心。在荒凉大道的前景映衬下（偶尔有几辆车呼啸而过），那个并不遥远的景区绿意盎然、恬静宜人，像一个虚幻的梦。或许它真的是一个梦。

7

不可能的

关系

不可能的关系

引子／迷路

　　2009年夏天的某个午后，我和一位朋友驱车前往江北老山国家森林公园的佛手湖，去看"中国国际建筑艺术实践展"（CIPEA）的24个"大师"作品。我们从江底隧道疾行出来，穿过一片破破烂烂的街区，来到一个十字路口——这里有点荒凉，近乎城市的边缘。路上没有标牌指示，车上没有GPS。我们商量了一下，选择朝北的大路（浦珠南路）。路修得很好，车子向前奔驰，我们心情很不错，且不时为出现在路边的一些建筑感到诧异：这里居然隐藏着一所大学，以及若干看不清虚实的别墅区。它们都有点神秘兮兮的味道，这让此行的终点越发诱人。但是，一路狂奔之下，却感觉离目的地越来越远：地势逐渐开阔，而非进山的模样，车子似乎正闯入另一个城市的地界。一个念头同时泛起在两人心里：走错路了……

白色"碉堡"

张雷的"4 号住宅"就在佛手湖旁的 CIPEA 展区（位于珍珠泉度假区南片）内。这是一个 10 米×13 米×13 米的白色矩形体，垂直插在一片小小的山坡上。房子看上去颇为时尚，光洁的白色表皮既精确又柔滑，像是一块巨大的机器构件，直接由焊刀或激光在车间里切割出来，而非在杂乱的工地上一点点建起。这种"高技"意象很符合整体项目的定位——"国际／建筑／艺术／实践展"。

这个房子是住宅。但是它没有固定的住户，只供参观展览，或"体验式居住"（家庭度假与商务接待）。房子的建筑面积为 500 平方米，分四层。底层为起居室和餐厅，上面三层为卧室和卫生间，每层有两套卧室（各带一个卫生间）。平面很单纯：一个中心式的功能块，围以一圈外廊。功能块是一个 8 米×11 米的矩形空间，分为储藏、电梯、楼梯等服务空间，以及卧室、起居室等主体空间。外廊是一条一米宽的连贯走道。这是标准的"盒中盒"空间模型：外廊即外盒，内核为内盒。

通常来说，"盒中盒"的外墙是核心。它使内盒摆脱原始的功能身份，成为空间游戏的元素——在建筑的外部出现了第二个内部，两层墙的夹缝。空间界面（墙、屋顶、地面）进入互动模式。光与影、风与雨、声与色，这些暗示时间存在的无形之物，调节着它们与居住者的关系，使它（他）们获得某种和谐。原初的外部世界，被隔离成"旁观者"，它徘徊在这一"关系"之外，无法参与进来。"盒中盒"常被施用于城市之中。它能在纷扰无序的尘世里辟出一片"绿洲"，让居住者独享自己快乐的小世界。

"4 号住宅"是一次"盒中盒"的野外冒险。它在一片现成的绿洲（大自然）中，划出新的自留地。它对山水美景的漠然，迥然有别于周边的那些宅子。在它们不约而同地寻找最佳角度，转动体块，将大面玻璃窗开向湖面、远山之际，"4 号住宅"高高叠起四个一模一样的"盒中盒"。适于水平展开的空间原型被导

向某种怪异的情境——五圈外廊上下连接成一堵13米高的白墙，将自己（功能块的内盒）深深地裹在里面。"盒中盒"变为"筒中筒"（"碉堡"之别名，正是由此而来）。白墙上虽有四条30厘米宽的水平带型窗，和几个半大不小的曲线圆洞，但封闭之意显然多于开敞。它们吸纳进来的微弱光线，在穿过一米宽的廊道，漫射进内盒之后，所剩无几。即使在白天，内盒也仿佛夜晚。绿洲退让为"旁观者"，在此留下一个幽深的岩洞。

零度风景

时间停止下来。雨雪、阳光、晨曦、雾霭，都被挡在白墙之外。"岩洞"成了一个遗世独立的秘密天地。它似乎在暗示，即将使用这座宅子的人——那些终日穿行于钢筋混凝土森林埋头觅食的都市动物，已经知觉退化、情感萎缩、躯体麻木……对于他们，闲踏青山、泛舟碧水之类的情调雅趣只是隔靴搔痒，还不如在静室打坐来得有用。

不过，"碉堡"确实和美景无缘。在 CIPEA 的 24 个房子里，它的位置并不佳——没有水的景观资源，又不在山头（地块的选择由建筑师们抽签决定）。它在佛手湖水面的末端处。湖很大，像一只托钵的手。24个房子围绕在湖的"中指"周围。它们中的大部分，景观都很不错：临水，纳湖光月色；地高，有远望之势。

湖边并不平坦，小山土包连绵不断。"碉堡"位于其中一个山包边，地势较低。它的北面是环湖大路和远远的老山，南面是妹岛和世的地块和湖，西面是一条排洪沟，平时干枯，下雨时有水注在其中。山包正好挡在"碉堡"与湖（还有妹岛的那块地）之间。山包并不低，即使在"碉堡"的13米高的屋顶上，也看不到一丝水的影子。要到湖边，必须沿着上坡的台阶回到大路，向东依次绕过妹岛的"流动空间"、马清运的"管业"、周恺的"归隐"、芬兰人马蒂·沙纳克塞那豪（Matti Sanaksenaho）的"舟泊"。一路走来，"碉堡"附近，除了杂树，还是杂树。这是一片乏善可陈的零度风景。

外墙上的条形弧线的窗洞，本来是为了景观再造。视线的水平移动，透过长窗，看到的就像是一幅徐徐展开的，如同文徵明或王翚绘制的手卷。用张雷的话，即"通过观察方式的改变重新塑造周围的景观，用中国传统山水画横轴展开当代立体主义表现"。[1] 回廊的360°贯通，可增强山水无尽之意。当然，这只是设想。现实状况是，尽管"景框"的曲度优美，但框进来的却是枯山灰树（看不到湖，那只是个想象中的背景）。尤其在秋天叶落之后，树枝秃秃，山色阴沉，和山水画的诗意妙境相距甚远。它更像是在暗示这里"风景"实质上的无趣与廉价，以及津津乐道于"借景"的设计思维的荒诞。

"碉堡"的封闭，是对"风景"的隔离——既无可看之物，不如闭门枯禅。切断外向关系，可以让建筑回到自身，回到内在的自我，探询空间母题的变化的可能性（"盒中盒"如何向"筒中筒"转化），以及元素之间关系的可能性：内盒与表皮的关系，

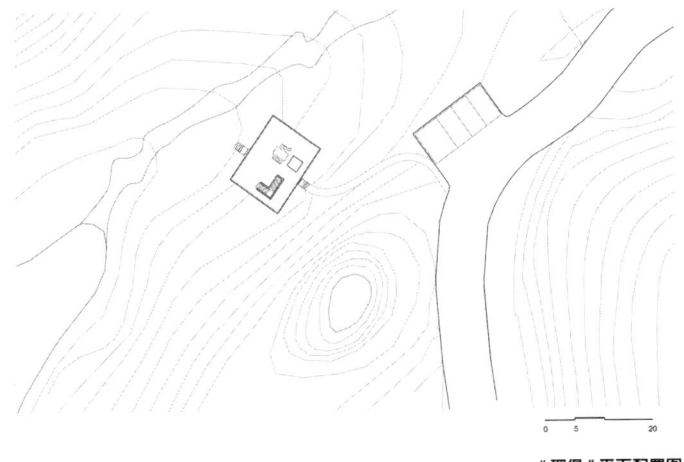

表皮与屋顶的关系，内盒中地台与墙体、顶棚的关系，表皮上的裂缝与弧形窗之间的关系，墙体与圆孔之间的关系。这让建筑成为一棵树、一块石，成为一个独立的存在，和周围那些原生事物各得其所，相安无事，在湖边山脚找到自己的位置。

老山老城

佛手湖在老山东北脚下。它本是两个用于水利工程的水库，2002 年初重整为一个大的水体（号称千亩水面），5 月完工之际，省级大员悉数到场，要求将佛手湖打造成"金陵新景"和"生态环境最佳的景区"。[2] CIPEA 应运而生。

老山资源很丰厚。它比城东的紫金山大了一倍，形貌有

2　参见网页 http://www.yangtse.com/zt/10zsj/zsjzl/201003/t20100305_721916.htm

趣——从卫星照片上看，像一只绿蚕斜趴着，紫金山则是毛扎扎的一团，长江从两者中间一划而过。但是由于它位处江北的西北端，离老城过于遥远，所以多年以来都难逃寂寞空山的命运。而它与长江之间的"浦口区"，也成了贫穷与落后的代名词——从上世纪 80 年代初开始，老城就是城市发展的重点，江北被搁在一边。对于城里人，那是一个和都市生活无关的地方。

2003 年是一个转折。浦口区重入南京市总体规划的视野，且地位大幅提升。该年的《城市总体规划（1991—2010）调整》，将南京城镇结构从"圈层式"转型为"多中心式"，浦口区是三个新市区之一。同时期的另一部总规里，也将浦口定位为"南京城市副中心"，它将发展成"对苏北、皖南辐射的江北门户"。[3]

从乏人问津的城市边缘到"城市副中心"、"江北门户"，浦口区的地位今非昔比。但是，如何成为真正的"中心"与"门户"，这并非易事。经营多年的旅游文化牌似乎效用有限——从 1986 年开始，以老山与珍珠泉为中心的商业开发就未曾间断。2003 年，"一山三泉"（老山、珍珠泉、汤泉、琥珀泉）被定为浦口发展的新"重点"，珍珠泉是其"龙头"。[4] 身在珍珠泉旅游区中的 CIPEA，为之做出一个新的尝试（也是一个赌局，它投入浩大）——在先天尚佳的自然环境里搭建一个世界建筑舞台，让浦口区染上"国际"之色，迅速缩短与老城在心理上的差距，进入同轨的发展道路。

可见，佛手湖虽小，24 个房子虽不多，但地位却是关键。它要在老山与世界之间直接连线，以取得与老城抗衡／资源交换的资本——对于"世界"这个他者来说，老山与老城区别不大。CIPEA 的主题是"重建平衡"。这个"平衡"意味悠长；它既有项目说明书里的"不同文化和南京佛手湖地域文化"之间的平衡

3　南京市地方志编纂委员会编．南京城市规划志（上）．江苏人民出版社，2008：241.

4　南京市地方志编纂委员会编．南京城市规划志（下）．546.

（借口），也有画外之音的老山与老城的平衡（目的），还有南京与世界的平衡（手段）。

十年之间

开端很完美。24 位著名建筑师云集老山脚下、佛手湖畔，立刻吸引了世界的目光。彼时，项目主持人矶崎新与斯蒂文·霍尔的声望都在顶峰，选择的建筑师也很低调实在（符合南京城市的风格），甚至还有相当的预见性——其中有两位未来的普利茨奖得主。前期进展得很顺利，参与的建筑师积极热情，方案很快确定下来。虽然国内施工条件有限，但在开发商精益求精的要求下，困难被逐项克服，毫无马虎过关的意思。

一张美丽的蓝图慢慢显形。看上去，"平衡"计划运转良好。它建立起一条平滑的"关系链"：建筑－老山－南京－世界。在这条"关系链"中，南京与世界的距离缩短了。许多国际建筑刊物登载（甚至追踪）CIPEA 的作品。其中一些房子被收入建筑师的个人作品集。老山与老城的距离也缩短了。关于老山与 CIPEA 的新闻时常在各类报刊上出现，而从老城远路迢迢来的"参拜者"也络绎不绝。它已经成了一个著名的专业景点，一个名副其实的"金陵新景"——现在甚至开始收起门票。

如果不是工期太过漫长，这张蓝图会成为一幅完美的图画。但是，从 2003 年开工到现在，十年已过，24 个房子全部完工的不到 1/3，离最后完形还很遥远——原本计划 2009 年底全部交付使用。项目被严重拖延。

拖延并非只造成预算增加，媒体热度降温，或者使建筑师们激情不再，蓝图褪色；它还暴露出一种原始创伤——它们（建筑）来到这里，机器轰鸣，人来人往，打破了山林间千年来的宁静和稳定的生态系统，留下一道道裂痕。建筑以艺术之名，本来尚可填补进其中，弥补给自然带来的伤害。但是长达十年无休止的单向侵扰，屡屡错失弥补的良机。原始创伤被加深、扩大，成为一种显形的存在。

随着时间的过去，这些创伤会变形、变质，不断地寻找"承受者"，报复性的回返，以强调自己的在场。正如我们所见的，十年中，埃塔·索特萨斯（Ettore Sottsass）去世（他太老了，没能熬过这个漫长的工期），妹岛和世退出（这位如日中天的普利茨奖得主不知何时回归），若干方案的重来，小事故源源不绝——马休斯·克劳兹（Mathias Klotz）的"睡莲"的屋顶玻璃栏杆在一个灼热的夏天被太阳融化，尼瑞克（Hrvoje Njiric）的"千手"方案刚刚确定，其场地的一个重要的地形参考点（某小山包）就被铲平，土方移作他用……那个由大师、艺术、国际化所编织的幻象已千疮百孔。

两个方案

2004 年，张雷曾经为"4 号住宅"设计过一个方案，它在矶崎新苛刻的审核下首轮通过。建筑分两块：四层高起的条形块；一层的正方块。条形块上三层为六间卧室，每两个一组并置；顶面形成三个高差 1.5 米的平台，通过台阶串联在一起。一层的正方块是公共区域。条形块整个用一个木架子罩上，"弱化了屋顶和墙面的差异"。

这是一个中规中矩的方案。尊重自然——材料下部为红土色的小模板混凝土外墙，上部为当地杉木围成的镂空遮阳格栅。呼应环境——四层楼宅的叠落，是沿着基地等高线的平均坡度来区分，其外围全部开敞，连续的木质外围护结构，既通透又有自然感；楼宅的角度切合它在场地中的位置，它"位于全部小住宅的中心位置，又是从道路进入后的第一个拐点"，所以在"看与被看"上要承担"双重角色"。空间语言的国际化——几何体量，理性划分，内在逻辑的建构，"方案在平面与剖面上各采用了一

CIPEA 项目参与者群像

113

妹岛和世退出的"流动空间"方案

组 12 米 × 12 米的体量关系来演绎彼此之间辩证的依存"（张雷语）。[5] 与其他的房子一样，这个方案在努力满足"关系链"的各项要求——营造它与环境、世界、自我之间的和谐关系。

2008 年，张雷将这一方案推翻，重新构思了"碉堡"。如果说第一个方案在讲述"构建"的故事（关系的构建、幻象的构建、自我的构建），那么，"碉堡"就是关于"消失"的——关系的消失、幻象的消失，以及自我的消失。

"构建"是 2003 年佛手湖的主题，一个雄心勃勃的大计划。五年之后，事情发生了改变。"消失"，成为 2008 年佛手湖的新主题：奥运将过，"中国热"退潮；世异时移，矶崎新与霍尔的光环不再耀眼；妹岛离去，索特萨斯在 2007 年最后一天去世……

这是个困境期，也是一个契机。在其他的房子勉力维系伤痕累累的幻象的时候，"碉堡"找到了使自己区别于"集体"的方法。它用一种新的姿态重新进入那条正在脱环的"关系链"——讲述此时此刻的故事，重构新的关系模式。它在 2009 年 5 月开工，不到半年就已将主体完工。速度既快，花费也相对颇少。这是所有房子里最顺利的一个（幽灵般的原始创伤居然对其毫无伤害）。而它讲述的"消失"的故事，也正式开始，从自身开始。

消解 I

"盒中盒"向"筒中筒"的反常推演，是消解程序的序曲。这是"碉堡"核心空间概念的一次自我逆转。"盒中盒"模式的本来能量（水平开放、延展）被导向另一面——建筑的主空间被竖向包裹成一个不透明的黑暗实体，一个沉默孤独的存在。

当夜幕降临，第一轮消解开始。灯光照射下，"碉堡"从内向外，瞬间融化。在白天混成一团的地台、墙、天花、内陷下挂

5　张雷.基本建筑.北京：中国建筑工业出版社, 2004：91.

的灯具逐一显影。它们连缀成一张凸凹起伏的完整内皮，产生出一种远离日常生活（以及冥想）的亲密氛围——心灵的静室变身为欲望的容器。空间的属性彻底改变。

灯光穿过内盒的玻璃墙，流到外墙的窄缝和孔洞，将"碉堡"的表皮与内盒的关系倒转过来。内盒在白天是一片无法穿透的阴影，到晚上则是热情四射的温室。13米的高墙，白天是隔绝尘世的坚壁，晚上变成上演夜生活的显示屏。裂缝与圆窗，白天吸纳有限的自然光线入内，夜晚则将内盒的多彩灯光外泄出来——后者并非接续前者而至，它几乎否定了前者的功效。这些不绝溢出的柔光亦是欲望之火。它们穿过白墙的缝隙，投射到周边的树上、地面上。白昼时的"世外桃源"，此时散发出"聊斋"般的魅惑气息。

墙上的588个小孔，此刻也显出真身。它们原是白墙的小装饰，顺便增加内廊的透光量。现在如同点点星光，令硬冷的白墙像丝绸一样轻薄华美。

日与夜的轮转，心灵与身体的交替上场，不是在赋予建筑以不同性质的效用，反而在执行建筑的自我消解功能——如此简单地，灯火一起（它们是该程序的开关），就将"碉堡"的所有元素的面貌、功能、关系彻底反转。它们自我抵消，建筑的存在感随之消失，就像夜色下那面飘渺的外墙。

消解 II

第二轮消解，就在外墙自身。它开始于墙的物质构成、建造方式与视觉形态的关系。白墙作为一个符号，其能指（物质本体）与所指（视觉含义）发生了严重分离。

看起来，这张外皮颇为"未来派"，科幻味道十足——光亮的白色，挺拔的线条和90°夹角，金属感的曲面。其实，这一切都与"高技"什么的毫无关联。外墙是由本地的农民施工队现场支模，用普通混凝土浇注而成。13个曲面看似柔滑、一次成型，实则是以若干粗糙的小折面连续排成。拆模之后，工人站在脚手架上再用手工修补缺口，抹平打光。最后用混凝土保护剂涂膜和面层喷涂完成收尾工序。

本土式的"未来派"造价低廉，施工方便。尤其在荒郊野外的佛手湖，实用的现场做法可以避免很多麻烦，最大程度地实施远程控制。唯一令人头痛的是，这张精美的表皮太过脆弱。时间略长，就显出风霜摧残的颓衰，比如水渍、面层脱落之类。所以时隔不久就需全部粉刷一遍，以保证其光亮不减，"未来感"依旧。

质料与视觉感的自我调侃（亦是自我消解）之外，墙上条窗的内外功能矛盾，使白墙进一步自我解体。从外面来看，那几条窄窄的长缝，它们不像窗户（没什么采光量），而更像是监视孔，其360°无死角的旋转，使周边的一切活动都被纳入掌控之下（"碉堡"之名，实至名归）。如果从里面来看，这一略显敌意的态度纯粹是一个误解。条窗的作用，并非在乎窥视，其目的其实很正面：为走廊上的人营造一个新的"山水横轴"式的景观，以弥补自然环境不够诗意（周边是一片"零度风景"）的缺憾。长窗偏窄，是因为模仿常见的手卷尺度的缘故——30厘米是很多小幅手卷的宽度。

一面是监视孔，一面是景观窗，用心良苦却导致误解。这是白墙的第二步自我解构。第三步在景观窗。它与风景之间意外的图底倒转，使白墙进入更深的空无。

窗框是白墙设计的重点。它也是设计者造型欲望的唯一残留。水平横线加上13个弧形圆洞、半圆洞（588个小圆孔也参与进来），将中国山水横轴与西方立体主义结合成一种新型景框。可惜的是，这一景框太过抢眼，反而凸显出"入画风景"的寡淡。结果，双方位置互换——景框本身成为景观，而真正的风景却被降格成背景。观景行为以归零告终。

消解 III

白墙的自我解构，启动了第三轮消解——关于"碉堡"的场所感的消解。场所感，是一种双向的投射。当建筑给予环境某些东西的时候，环境会有所回馈。这一相互投射会落在使用者身上，成为其空间经验的一部分。

对于环境来说，"碉堡"是一个令人困惑的对象。房子确实很漂亮，但它的"遗世独立"却将环境隔离在外：白墙过于封闭（那些投射上来的目光，无论是好奇或是质询，是赞赏或是崇拜，都得不到任何回应），窥视孔的全景监控又释放出某种压迫感在周围（单向凝视的欺凌性远远超过漠然的拒绝）。它显然无意像其他房子那样，与环境建立一个正常关系。相对应地，环境返还给"碉堡"的场所感，也消极起来。

进入"碉堡"后，风景更被牢牢压制——景观窗并没有起到风景再造的作用。而"筒中筒"的空间内缩力量，更将"看"风景的可能性逐层扼杀。长窗侧、暗室中，风景被去除殆尽。在这一不断强化的"拒绝"面前，场所感无法建立。最终，建筑成为一个自我满足的孤独个体。

如果没有屋顶，建筑与环境的敌对关系会就此固定下来。屋顶是"碉堡"的风景终极体验区。它是一个秘密场所，在室内，你无法想象它的存在。齐整划一的边界，将无特征山水切割出一片方形露天剧场。它像一块漂在空中的平台，将人升起在树梢之上（周边的树高都在 12 米左右）。天空与山林合成一个巨大的穹隆，向台上之人开放。

24 个房子中，有屋顶平台的并不少，例如"舟泊"、"睡莲"、"马踏飞燕"等，但是它们大抵只将平台（都不甚高，离树顶尚远）当作室内景观区域的户外延伸。"碉堡"的平台与室内如同两个世界。虽然从室内看风景的可能性被"扼杀"，但是，这反向地刺激起身体对于风景的想象。它们一点点汇聚积累，等到走出楼梯间，踏上屋顶平台那一瞬间，清风拂面，阳光灌顶，天地一齐打开。暗室里压抑许久的观景渴望,在此得到超越期待的回报。

幻象后续

　　这就是"碉堡"讲述的"消失"的故事。从空间到表皮,再到场所,它们之间的"关系"逐一瓦解。这个故事很写实,2008年的佛手湖就是这个样子。幻象破灭(索特萨斯之死是一个信号),它已无力支撑那些下线的"关系链"的运行——工地半停不动,僵局疲态毕现。目睹这一场景的人都不禁揣测,它是否会与那些夭折的同类项目一样,又是一次对豪华盛宴的虚无本质的证明?就像切斯特菲尔德伯爵(Earl of Chesterfield)关于狂欢场面的著名总结,"欢娱是短暂的,处境是荒谬的,花费是惊人的"。[6]

　　不过,僵局并未成死局。"碉堡"的意外出现——方案未被矶崎新审核就直接开工——使佛手湖发生了微妙变化。讲述幻

"碉堡"的屋顶露台

灭本身的故事，其意不在于标新立异。它的作用是，将佛手湖带出破碎的幻象（它由必然性、规则、关系链组成），回到此时此地的现实。

这个"现实"是，在 2008 年的佛手湖，必然性是不存在的，规则是不需要的，关系是不可能的。简言之，这里是偶然性的乐园。"碉堡"是一个演示。建筑主体的自我消解，并不是"自治"的回归，或形式主义的反弹；它对建筑身体的虚无主义式的运作，对所有现成条件（环境道德、人文对话）的无视，只是为了让自己成为一个"纯粹的偶然"。实际上，它的产生也是偶然的。2007 年的某一天，张雷"想换个特别的东西做下"。[7] 然后，他在办公桌上找了一张纸片，画上一个正方形。

当然，"偶然性乐园"的命运并不长久。它对"现实的绝对的非决定性"（齐泽克语）之本质的袒露，与幻象的需求格格不入。这使其只能存在于现实的裂缝之中，转瞬即逝。破裂的幻象很快就会合拢，换上新的内容。目前看来，新生幻象的主角是王澍的"三合宅"。2012 年，佛手湖和 CIPEA 借其"复活"，再度成为媒体的宠儿。

在新的幻象中（"本土性"取代过时的"国际化"成为主体），"碉堡"的位置耐人寻味。它不"本土"，没有坡顶之类的符号。并且，其自我"消失"本来很有可能会使其沦为弃地，一个自得其乐的异物。但是，屋顶平台将此危险意外化解：它交还给一个更好的风景给大自然（这是其他房子都难以做到的），给人以"超乎期待"的体验，弥补了建筑主体对场所感的"扼杀"，缓和了原始创伤，还顺便让施工一帆风顺。平台的过多回馈，将一个"纯粹偶然"的异物转化为一个积极正面的参与者。它对关系模式的重建心有企图。虽然"乐园"不可再现，但是种子已经埋下。直待条件成熟（那些不安分的"本土"建筑师们），它就会很"偶

119

6　齐泽克.胡雨潭, 叶肖译.幻想的瘟疫.南京：江苏人民出版社, 2006：216.

7　引自笔者与张雷在 2007 年某次关于佛手湖的闲谈。

然"地在新的关系链中制造出下一个"偶然"出来。佛手湖的故事还远未完结。

尾声／裸泳

2009 年的那个午后,我们迷失在老山森林公园的西南侧。大约 20 分钟后,车子回到了那个麻烦的十字路口,走上正确的路——直行的路。路况很糟糕:不平整,岔路很多。一边问道,一边前行,我们摸索着终于到了(佛手)湖边,湖南侧的堤坝。坝上湖中有不少人在嬉戏玩水。目的地还很远,那些大师们的房子在湖的另一边。车子快没油了,天色也渐暗。我们只能打道回府。

路卜遇到三三两两的自驾车,相互打了招呼,都是来佛手湖游泳的人。看来这里已经成了一个城里人消夏的好去处。询问之下,大家并不知道湖边还有一片"建筑艺术展区",他们都是直奔湖水而来,兴尽即返。后来得知,佛手湖还是南京人裸泳的著名场所。原来,在那一堆建筑大师的作品边上,时常有一些光溜溜的家伙在水中悠闲地游着……

121

佛手湖，裸泳

8

建筑与

"黑暗经验"

建筑与"黑暗经验"*

　　一个建筑，从项目出现到最终完成，少则三五年，多则十来
年（没有上限）。对设计者来说，这是人生的一个完整段落，其
中点滴时光都是相互关联、不可分离的构成元素。这段人生很
私密，建筑师与他设计的房子日夜交流，共享甘苦。在此，建筑
是属于建筑师的。

　　建筑完成之后，便开始另一段生命历程，它逐渐脱离建筑师，
进入更多人的生活。它有可能无声无息地度过一生，直到死去（遭
拆毁、被遗忘）；也有可能被命运之神选中，闪现出夺目的光彩。
比如某天有幸被置于镁光灯下——建筑师（或建筑）得了个奖，
诸如此类——它由此登上各类刊物、媒体，成为公共角色……此
时，建筑重回建筑师的怀抱，它又属于他了。

　　新一轮的归属关系，已和之前大不相同。时过境迁，建筑无
需再与建筑师私下相对。现在，两者结成某种公开的同盟：一
方面，建筑给建筑师戴上光环，它是个人努力取得社会成功的证
明；另一方面，建筑师则重申建筑的超使用价值，他将建筑作为
艺术的这一古老命题再度呈现。

---

*　　本文为作者与傅筱合著的《暗房》一书的前言。

这一同盟关系有其传统，建筑师与建筑都将自己最美好的一面展示出来。他（它）们相互印证，共同进入历史，将名字刻入艺术的万神殿。这就是文艺复兴以来建筑师的终极目标。这一关系并非只系于名利，它不是"私密人生"的社交版。实际上，它只是从中选择性地截取某些片段，加以组合。这些片段都是正面、精彩的，它们编织成一张美丽的外衣，披在建筑与建筑师身上。逐渐地，这一外衣被反复强调和放大——它变成一个符号，以及观众眼里唯一的现实。

这是欺骗性的现实。它不虚假，只是遮蔽了某些东西，即那段完整的私密关系中的负向部分——这些部分记录着困惑、遗憾、无奈、痛苦、厌倦、自我否定……它们事关创伤，难以公开。在建筑师的人生片段中，这一负向内容占据着不小的份额。在已符号化的正向部分被提取、展现于公众眼前之后，余下的负向部分四散飘零。这些创伤碎片，有的被埋藏在记忆深处，建筑师偶尔会拾起，暗自回味一番；而更多的则渐渐褪色、远去、消失。久而久之，我们似乎忘掉了它们曾经的存在。这部分内容，我称之为建筑师的"黑暗经验"。

这本书，就是关于"黑暗经验"的讨论。

书中的案例是傅筱的三个作品：S景观步行桥；长兴广播电视台；南京紫东国际招商中心。它们都荣誉加身，各自获得不少奖项——国外的、国内的、官方的、民间的，甚至是个人的（某业主亲自给建筑师颁发了"特别荣誉奖"）。它们的正面形象很突出，年青的建筑师因此一步一步走上成功之路。相对应的，这些美丽外衣下的黑暗经验也分外动人。这为本书主题的展开提供了广泛的可能。

书中的图片和文字各有分工，分别指向（建筑的）美丽外衣与（建筑师的）黑暗经验，图片展示的是建筑的物质形态，文字探索的是主体的精神世界。两者并不可逆，我们从图片中无法想象到文字，从文字中也难以回落到图片。如果说，美丽外衣与黑暗经验恰好互补，合成统一的经验体，那么，这本书就是对建筑师三段人生的重构。

讨论黑暗经验并非易事。其源头是建筑的"失败"——有设计的失误，有无奈的妥协，还有很多预料不到的意外……它们在建筑师的心中留下密密麻麻的创伤点（即"黑暗经验"的存在形式）。在一系列转换机制（按照心理分析的说法，创伤经验具有自动"隐身"功能）的作用下，这些创伤点散乱在主体精神世界的不同角落里。成功的建筑师通常不愿触及它们，因为那样无疑会破坏其美丽人生的心理幻象与"幸福感"。如果公之于众，则更加危险，可能会导致一个更大的灾难——建筑师的公共形象轰然坍塌，成功之路受阻。

所以，如何潜入记忆深海去搜寻这些创伤点，剥去伪装，还原真实面貌，并曝于阳光之下？这一连串工作，不仅需要自我拷问的技术，更是一件勇气之举。本书中，搜寻能够顺利进行，大抵有赖于被访者傅筱"事无不可对人言"的坦诚个性。另一个原因是，对话论及的黑暗经验都与设计相关。它们大多是"知识创伤"，对于它们，傅筱本身亦有研究、记录的习惯，并且常在课堂上向学生讲解。换言之，它们是半公开的。所以，我们较易锁定位置，在讨论中与之保持一定的距离进而保持客观性，循序渐进地剖析其来源、走向的诸般脉络。然而尽管如此，搜寻之路仍然坎坷，因为创伤碎片变化繁多，稍不留神就会错过，比如，在三个作品中最受好评的长兴广播电视台项目中意外死去的那棵香樟树（我们在对话中谈到它）。这是该作品的一个污点，它非常隐蔽，且有"替身"在场——甲方在原地移栽了一棵模样相近的树。如果设计者没有主动地反省责任到自身，这一污点必将无人得知。

当然，黑暗经验不仅于此。美丽外衣下的创伤多种多样，除知识创伤之外，还有情感的创伤、他者的创伤……它们相互交织，互为因果。在我们的对话中，前者多而后者少。这并非后者不重要，而是因为，如果说知识的创伤尚能通过自我反思转化为正面能量（按照傅筱的话，那是一种"求真"的意志），那么另一些

创伤则难以靠近。它们关乎建筑师与建筑的"成功之代价",用精神分析的术语来说,它们是"实在界",是真正的"禁区"。要想进入其中,不是一次短短的对话就能做到的。

129

长兴广播电视台项目中被扼杀的大树的"替身"

9

故事三则

故事三则 *

一则

133

（2014 年 8 月 31 日，中午。淮安，水上办公楼餐厅）

胡恒（以下简称 H）：林董，这个建筑真不错！不过，我觉得它好像有点小问题。

林伯实（实联化工江苏有限公司董事长，以下简称 L）：？

H：你有没有发现，这个房子里面缺点绿色的东西，比如植物什么的。这里这么大，到处都是一片白。单调了点吧，我觉得。而且这里都是办公空间，有点绿色，大家不是会心情好点么？

L：（拍拍我的肩）这就是西扎是大师，你不是的原因！

H：……

H：也是。难怪我看你这些工作人员穿着 MUJI 的黑白套装，和空间的感觉很搭。

L：是啊。本来这些套装是为了这次启用仪式专门买的。之前他们穿得很随意，这次是想要表示慎重点。现在看来，好像以后都要给他们穿那个了。

---

* 本文对话均来自真实场景。根据记忆转化为文字，略有调整与删补。

H：（低头看看自己）林董说的没错。我今天穿的这个（帽衫，破洞牛仔裤），在建筑里走动，就感觉有那么点不自然。

L：（又拍拍我的肩）不会，你没问题。你是大学教授嘛。

H：……

现代建筑的大师们似乎都有点洁癖。与以上对话类似的故事，在过去并不少见，比如很多年前路斯的"卧室中的拖鞋"的笑话，还有密斯的图根哈特住宅的小八卦。[1] 要说这些故事是在嘲讽大师们对自己的设计如何自恋（认为建筑的存在高于一切平凡的日常生活），或者说这是现代建筑的本质使然（它是机械复制时代的产物，对人性的漠视与生俱来），倒不尽然。在我看来，这些故事表达的，其实是那些大师们对建筑的空间纯度的执念。在 20 世纪初，这一执念意义重大，它意味着以现代技术、材料建造出来的新型空间，在没有神性、宗教内核的前提下，还能够与历史上的伟大建筑相抗衡。这是第一代现代主义者的英雄梦想。

西扎的水上办公楼延续了这一梦想。空间的纯度，依然是建筑的成败标准。在此，纯度首先指向元素的纯粹。设计者将所有空间元素（包括家具、灯具、两个大理石雕塑）都中性化，消除掉形态、材质的对比。它们被抽离到最极简的程度，只剩下使用功能；其次，元素组合的适度：尺度精确、比例协调。这种协调带来的结果就是让人在任何一个空间里都感觉舒适。我第一次进入与西扎会面的会议室时，身体反应就相当强烈（后来知道，室内的长条木桌、木椅、窗边的小黑沙发，都出自西扎之

1　这是一则广为流传的小笑话。路斯的一对业主夫妇请路斯到他设计的住宅来吃饭。刚一进门，路斯就满脸不快。夫妇不解："我们没有对大师的设计做任何变动啊！墙上没挂画，家具也是按大师的设计，位置没动过一点，连你设计的拖鞋，我们都穿着（虽然不是很舒服）。"路斯哀叹道："但是，你们把卧室里的拖鞋，穿到客厅里来了！"密斯的图根哈特住宅也有类似的故事。据说密斯的设计过于精密，室内所有物品的位置都不能稍加移动，比如客厅那几把密斯椅。这意味着，即使是主人坐上去，都是一个不太妥当的行为。

手）；第三，空间的纯度，还来自那条 300 多米的漫长流线——它穿过若干功能空间。设计者用心调节着这一流线上空间段落的细微差异：垂直界面的变化，不时出现的西扎式楼梯、西扎式采光天井。虽无特别的跌宕高潮，但步调从容。行走其间，似乎每个毛孔都能舒畅地呼吸。空间的纯度，就是对平淡节奏的控制——没有多余的刺激，也无丝毫乏味。

其实，水上办公楼要想获得空间纯度，并无多少难度。它已被西扎设计成一个精密的内部空间系统。从外部看也是如此。马蹄形长曲线的主体块，几个略小尺度的硬边、曲线异形几何体以不同角度嵌入，一条长直坡道斜向贯穿其中。这亦是一个基于体块加法的有机系统：在水面的衬托下，其层次丰富、颇有趣味。只是，这一系统过于均衡（这依稀回到柯布西耶早年的路数），缺少西扎惯有的对几何体的破格演绎（比如西班牙的 Alicante 大学），及惊鸿偶现的"结构荷尔蒙"与空间挑战（著名的混凝土巨幅"布幔"及在巴西的那个有着三叠悬挑坡道的美术馆）。

所以，这里的空间，虽然精密如机器，完美如雕塑，但是没有迈出冒险的一步。纯度控制在安全范围之内，尤其内部空间元素的协调过于妥贴（西扎所谓的"与世隔绝的意境"），虽给身体以舒畅的呼吸，但也会带来一点副作用。设计者的洁癖传染到使用者（业主）身上——在这个纯白世界里，似乎任何不和谐的行为及物品都将破坏空间的自我平衡，对建筑造成伤害。

二则

（2014 年 8 月 30 日，傍晚。淮安，实联化工的大巴上）

胡恒（H）：丁老师，你觉得这个工厂怎么样？

丁沃沃（南京大学建筑与城市规划学院院长，以下简称 D）：这个工厂很好。苏北能有这样的厂子，很难得了。你看厂子那么大，来来去去的传送带、烧煤的大锅炉，但是布置得井井有条，相当现代化。还有河边那些塔楼的栏杆，都很干净。蓝色的油漆那么亮，感觉不到灰尘。这是相当了不起的。这说明工厂的管理很到位。

H： 现在国内的这类工业建筑，也会请著名设计师来设计房子么？我印象中是没有。

D： 中国的工业分三类：重工业、轻工业、化工业。这个台玻属于化工业。工业建筑的功能性过强，基本上没有建筑师的创作空间。西扎的这个水上办公楼也只是办公楼的原因，才有设计这个事儿。不过，还有一种工业是高新产业。它需要的建筑没那么特殊，就是大空间。那个是有不少设计师参与过设计。

H： 那，这个房子还是挺有标志性的！丁老师你有没觉得，这个房子（水上办公楼）设计得那么好，但是地点位置那么偏远（动车、高铁都没通），有点可惜？大家想来观摩下，太不容易。

D： 这有什么问题。那不是建筑师要考虑的事情。西扎以前也设计过工业建筑。建筑师只要干好份内的事就行了。

H： ……

　　淮安的工业园区离市区的车程约需一小时。进入园区，路两边的厂房都是灰扑扑、闷闷的，但一进实联化工的范围，便有股不一样的味道扑面而来。一排排电厂、制盐厂、分离厂、煤气厂井然有序，尤其面对入口的几座高耸的机械塔楼，色彩鲜亮，形态迷人，令人恍惚置身某部科幻电影的场景。说起来，这一园区有点类似密斯在 50 年前设计的 IIT 校园——它处于芝加哥市郊贫民窟的包围下，密斯的设计就是在混乱的环境里划出一块绝对的区域，"秩序的绿洲"。

　　水上办公楼就在园区入口的一个净化水水池上。水池面积有 10 万平方米，像一片湖。园区入口的大道笔直穿过湖面，视线很开敞。左首是水上办公楼，右首是几幢小白房子，正对的是一片机器塔楼。西扎的白色清水混凝土＋流线型设计，意图是与矩形的厂房及机器塔楼在形态上"相互对应"。但我们也不能忽略园区的优质管理（那些金属管道如此干净炫目），它是这一

"工业绿洲"的秩序感的基础。还有那些不太显眼的配套建筑，比如入口右侧的几个小房子，由知名建筑师设计，比例形式颇为考究，虽然尺度不大，位置很分散，但它们却是整体空间质量的保障。以"工业绿洲"为大背景，以湖水为小环境，水上办公楼应运而生。就像密斯在 IIT 校园最后完成的"克朗楼"一样，它也是园区的最后一笔。

那么，在一个洁癖泛滥的环境（这早已超出一个化工厂区的正常标准）里，最后一块"压顶石"应该是什么样的？它当然不只是秩序的延续与重复。之前那个被放弃的方案——一个规矩的玻璃盒子——已经做出证明。它被动地呼应了场所的秩序氛围。其实这个问题还有一个隐蔽的背景，那就是，这个极端功能化的厂区空间，其洁癖已带有强烈的超现实性、未来主义色彩。一个后工业时代的绚烂厂区（产自台湾，由台玻集团与学学文创联手打造），垂直降落到一片"荒芜之地"（苏北的乡野田间）……

这就是水上办公楼的真正责任：表现出厂区这一超秩序的内在品质。西扎显然体会到了这一内在需求。说起来，在现代建筑史上，还有什么比长曲线的白色混凝土建筑更有未来感、幻想感（想想赖特的古根海姆美术馆）？何况，这里还有一个现成的、宽阔的、迷离气息十足的水之舞台。

三则

（2014 年 9 月 3 日，中午。南京，南大附近的一家店里）

胡恒（H）：夏老师，我前几天去看过淮安的那个西扎的房子。

夏铸九（台湾大学名誉教授，南京大学宜兴讲座教授，以下简称 X）：那个台玻的办公楼？本来我也是要去的。他们给我电话让我去下，但是我的机票早就订好，时间错开了。董事长夫妇跟我蛮熟的。

H： ……

X： 我们会一起喝点红酒。他家的酒不错。

实联水上办公楼西南向外景

实联化工园区原始场地

园区的早期规划

实联水上办公楼模型

（我们正在一家店里买红酒）

X： 你看，我们买的这瓶是 100 多块的。他们喝的要上四位数。

H： ……

X： 林董的太太徐小姐之前是做百货公司，做到全台湾第一。后来结婚以后就不做了，做文创。在台北办学校、讲堂，也做得很大。而且大多数是纯投入的（没啥经济回报）。

H： 也就是说，林董负责赚钱，她负责回报社会？

X： ……

H： 我看他们对建筑都很狂热。

X： 当然。之前这个建筑有另一个方案，而且已经到很后期了（好像都建了一部分），他们两个（夫妇二人）还是不满意，后来中止合同，再去找的西扎。

H： 啊？这就不是一般的热情了。不过，他们也真是有实力！

X： 当然。你看，这瓶马皋酒庄的红酒 500 多块，在这家店里算最贵的，它也就是林伯实夫妇平时没事时小酌一下的酒。

H： ……

　　水上办公楼的幻想品质，使园区出现微妙的变化。就像密斯的克朗楼，它脱离了校园的匀质方格网，成为一个异在之物：整体悬挂的大跨度无柱空间，一套独立的比例系统。即使非常不好用，但其超乎正常理性的存在（像一座希腊神庙）却使之成为整个校园的精神支柱，与混乱的环境相抗衡。水上办公楼虽无空间冒险做支撑，但在西扎的戏剧化手法导演下的华丽光影表演，已使得洁癖规则发生变更。它意味着，从这个房子开始，人文理念（学学文创）就不再只是工业生产（台玻集团）的平行补充，它已升级为一个显在符号，该园区的精神导引者。

　　那么，如何使用这个精神价值正在萌动的办公楼？这是一个新问题。思路有三条。其一，按原计划，用于办公、会议、接待、展示，举办各类活动。可以相见，功能的运转一定会相当顺畅，身处其中的每个人都会愉悦地享受这一美妙空间，似乎任何麻烦事在这里都变得可人起来。当然，另一方面，也可以想见，林董夫妇将处于持续的焦虑之中，如此大的一个建筑，任何细微的空间冒犯（这显然无法避免）都会令他们心绪波动，牵肠挂肚；其二，功能做局部调整，建筑划出一部分空间出来，专做参观、接待所用；或者设定固定的参观日，开放某些空间。这两种模式都有很多困难需要克服，最主要的难点在于，参观流线、空间的设定与运转中的使用功能之间的冲突；其三，办公功能全部去掉，建筑转型为一座真正的美术馆。这一做法虽然与原初的设想完全脱轨，但亦很合理，其内部的空间纯度与外部的光影戏剧，都已具有了某种独立的精神品质。实际上，水上办公楼在私下闲谈间已被冠名为"美术馆式的办公楼"。更重要的是，这里有着维护该品质的条件。

现在，第一个可能性已被抛弃。当下的计划已锁定在第二个可能性上，相关举措正在进行，诸项细节也在考查中。而第三个可能性看似步调超前（估计连西扎都没有想到），但也许很快就会变成现实。因为，宏观来看，只有在水上办公楼成为水上展览馆之后，园区的洁癖工程才能说是完美收官，也是第一代现代主义者的英雄梦想在中国的完美落地。只是，那时林董夫妇就需请西扎再为他们设计一栋办公楼了。

"洁癖"的环境

10

对话：

西扎的意义

对话：西扎的意义 *

胡恒：今天这个对话我来开头，我们从误解开始，如何？因为有次我和
　　　李华闲聊时，我的感觉是，中国建筑界对西扎有不少普遍存在的误
　　　解，包括我自己。这个似乎很需要澄清一下。

李华：就我的了解，中国建筑界对西扎一个比较大的误解，是认为西扎
　　　是一个地域建筑师，一个基于葡萄牙乡土或地域传统下的建筑师。
　　　但，从两个方面可以看出事实并非如此。首先需要说明的是，关注
　　　地域性的建筑师或地域文化的建筑师，和地域性建筑师是两个概念。
　　　西扎能得到世界的广泛认可，也能在世界各地做建筑，而这些建筑
　　　本身是具有某些共性和一定辨识度的，这本身就说明他是超越地域
　　　局限的。

胡恒：他的风格看来是可以输出的嘛，所以还能到中国来……

李华：另一个误解是他生活和工作的城市。其实，波尔图是一个历史悠
　　　久的港口城市，和外界的交流非常丰富，多种文化杂成，建筑风格多
　　　样。就文化的复杂性和多样性来说，完全是一个大城市，非常开放，

147

---

*　　2014 年年底，应《建筑学报》杂志之邀，我与李华、葛明三人在东南大学做了一
　　　次对谈，主题为西扎在大陆与台湾地区的两个刚刚完成的作品，以及它们对当代
　　　中国建筑的意义。因篇幅有限，杂志的稿件只摘取其中的 2/3，且做了一些结构
　　　调整。这里收录的为对话全文。

而且相当现代。

胡恒：待会再问问葛明对这个问题的看法。你说中国一些建筑师对他的误解，认为他是一个乡土型、本土型的建筑师。这误解从何而来？只是我们不了解波尔图吗？还是他的作品的某些特点，让我们有这样的误解？

李华：我不是很清楚。可能是因为他比较注重当地文化，注重传统手工艺在当代的应用，和传统的延续；也可能是因为他最初的设计是从家乡那个地区开始的，就像很多建筑师一样。而葡萄牙曾是海上强国的历史对我们太遥远，我们的城市观念和欧洲不尽相同，于是波尔图可能就成了人少地偏的本土型"小"城市。

胡恒：这跟西扎比较少系统地讨论自己的建筑观也有关系吧？他是那类比较沉默的建筑师。不像库哈斯，整天讲东讲西的。葛明有没有要聊的？

葛明：我觉得中国建筑界对西扎的误解，某个意义上是因为在当代没有多少建筑师真正引起我们持续的关心、了解或学习，一下子引进的人太多，速度太快，导致西扎淹没在一堆人中间。

胡恒：重视不够？

葛明：好像没有多少建筑师真正持续地研究西扎，这本身就是一个问题。对我们影响大一点的，反而是偏商业类的，比如 KPF 的影响是持续的，但真正涉及这类的反而不多。说来说去，是我们对于讨论西扎的准备不太够。哪怕是在当代，也是不太够的。

胡恒：他现在在中国做的几个房子算不算比较好的开始？

葛明：我觉得他来做方案太晚了一点，非常可惜。这是我的一个判断。比如说，西扎身上有很多东西，你去讨论他的时候，既要将他作为类似于现代主义建筑师那样，也要把他当作一个有当代意识的建筑师。而这些部分的知识准备我们都不太够。西扎的老师们，如塔沃拉（Fernando Tavora），是很正宗的现代主义建筑师，设计已经相当好了，西扎跟他们是什么关系？学到了什么？他年轻的时候，比如路斯、柯布、阿尔托，到底喜欢的是什么？他从现代主义时期的雕塑或者当时的艺术品中吸取的是什么？这些问题的展开要花不少时间。另外，建筑师都有一种竞争意识，他要离开路斯、柯布、阿尔托的地方在哪里？他要离开他老师的地方在哪里？这些问题还牵扯到德·莫拉，他又准备离开西扎什么？

胡恒：这条线需要理清楚。

葛明：概括起来说，我们对理解西扎的准备还不够，需要全面的准备。

胡恒：所以，这个误解还是非常自然的，因为我们在认识上缺的环节太多了。

李华：中国建筑界对现代主义的理解是不够的，所以很容易造成误解。

胡恒：这是一个好课题。

李华：我们对现代主义建筑一些根深蒂固的基本概念，比如空间，和整体的知识构成，不是非常清楚，包括现代主义艺术。像西扎，他会很娴熟地引用毕加索的话来表达自己的建筑观。

胡恒：我打断一下。你说他对毕加索的引用，有没有具体一点的细节，给我们讲一讲？

李华：这个值得研究。我这里不是指具体的设计手法，那应该是一个潜移默化的过程吧。他的《重访萨伏伊别墅》一文，就是以毕加索的话开始的："毕加索说，学会绘画需要十年，学会像孩子一样的绘画需要再用十年。"

胡恒：这句话很在理。

李华：2010 年，他在东南大学演讲也是以毕加索结尾的，他说，"Picasso said I do not look for. I find. I cannot say that. I do not find. I search"。他的引用很娴熟很自然。

胡恒：这两个人的长相差别太大了。不好意思，我插科打诨一下。

葛明：所以我们现在去看西扎的作品有很多费解的地方，其实是因为现代主义的素养不够，有一些事情对他来说是自然的。虽然自然不能保证他成为现在的样子，但是这个自然本身就是他的一个基本特点。如果我们去阅读在他看起来是自然的东西都费解的话，就会加倍地感到费解。这是一个核心的问题。总体说来，我们对现代主义的理解还不够多，要把它当作一件长期的事情来对待，我们才有可能真正地往上走一截。如果以为已经进入当代了，这些事情好像不重要了，那会是太大的问题。

胡恒：可能我们现在讨论西扎还真是很有意义。我们实际上是通过他，来重新学习现代主义，以及以前忽视掉的很多东西。关于现代主义，我们的启蒙学习，通过西扎来做，似乎是一个重要的方向。

葛明： 我基本上觉得是。

胡恒： 葛明已经梳理出来西扎的传承线索。现在这条纵线上多出来一条横向的枝桠，就是李华说的毕加索。这好像让事情变得更复杂，也更有趣了。我突然想，西扎的哪些建筑空间，哪些地方能让我们想到毕加索？说起来，两个人好像还真有那么点小共鸣。这个水上办公楼，多少有点毕加索的气质。两个都比较疯狂。

我们刚才讲到当代问题。葛明的意思是，我们要进入当代，前提或许是重新学习现代。李华怎么看？

李华： 我非常同意这个观点。刚才葛明说到对西扎的研究问题，我在想为什么会这样。我们又有多少对一个外国建筑师持续深入、有独创发现和影响力的研究？这可能与总是在逐新有关，比如 80 年代的时候觉得现代主义过时了，到了 90 年代，后现代主义过时了，现代主义还是觉得过时了。总是不断地追逐新出现的东西，觉得以前的都过时了。

胡恒： 这是一种什么样的思维习惯啊？

李华： 另外一个跟实用性有关，KPF 比较好用，而西扎的空间有点复杂，很难一下子学到他是怎么做的，所以在一些人看来不太好用？其实在中国，喜欢西扎的建筑师多少有点"阳春白雪"的味道，是一种小众型、品位型，把建筑视为一种追求的。

胡恒： 比较有精神性的，有洁癖的？

李华： 有点像是一种测试。另一方面，西扎并不容易把握，很难被简化，他是那种"建筑师中的建筑师"。

胡恒： 怎么讲？

李华： 西扎有一种务实、平衡的态度，他不是一个观念先行的建筑师，为了一种理念而做设计，但又不是没有观念的。在他的建筑中，很难说某一个方面比其他的更重要。他介绍方案、跟别人讨论方案的时候，考虑得特别周全，很实用很实际，但又不是被动地适应，他有一种要使这块地因建筑而获得新生的愿望。

西扎的东西很难具体地归结为一个因素或来源，他似乎有一种自己的方式将它们融合起来，成为一种潜意识。这个认知来自 2010 年我跟着他看场地。他不管走到哪儿，只要有机会，就会画，目标好像也不是非常明确，只要喜欢的或入了眼的，见什么画什么，工具也不是特别讲究，圆珠笔一样用。有个地方，在我们船行的主河旁有条小支流，被周围植物遮蔽，不怎么显眼，而在他的画里，那条小支流不仅挺明显，而且显得挺重要。他似乎并不只是在记录物，好像在通过画这种方式，让他所见的东西进入意识，又慢慢沉到潜意识，融合在一起。他去看民居的时候也一样，他对建筑的关注并不太多，反而是人家家里用的物品，挂的年画、毛主席像之类的。

胡恒：他大概对这些很感兴趣……

李华：是的，每一幅画和字他都会问，说这就是文化。也会打开人家的锅看看，看看炉子，并不是目的性很强地去寻找设计元素之类，最后的设计也不觉得和这些有什么直接关系。

胡恒：只有他有这种特殊的怪癖吗？是不是有很多建筑师都这样？

李华：多多少少都有一些吧。

胡恒：他在闻一些味道。闻场地啊，空间的一些特殊的味道。

李华：对。活的生活的气味。

胡恒：那这个水上办公楼，有什么味道可闻的？按照你那个模式来说，我想他嗅不出什么吧。这里没有什么锅啊，毛主席像啊给他闻。是不是在这个比较抽象的语境里，他的创作模式有点行不通了？

李华：我觉得那不是一个模式，是他的一种态度和习惯，不见得要把看到的都变成建筑语言。当然，他看场地的时候，还是非常准确的，每一点都不放过，都会丈量到。

胡恒：对尺度比较重视。

李华：不光是尺度，还有所有的细节。西扎看场地一定会对着图看，一点一点地对，并做记录。有一个地方是微微露出水面的很小的滩涂，图上没有，他就一直问，找不同的人问，直到认为清楚了为止。看基地的时候，也会去周围转。

胡恒：那这个水上办公楼对他来说是不是太简单了？它没有任何尺度变化，就是一个水面嘛。

李华：我知道的情况是，之前他的学生和合作者卡罗斯先生来接洽，拍了录像和照片带回去给他看。2010 年那一次是定方案，当时的方案基本就是现在这个样子了。他还是去了基地，一样的认真。

胡恒： 即使是这个没啥变化的场地，他也会来？

李华： 是的，而且看了整个厂区，在靠水运码头那块地方待了挺久的。为什么说他是建筑师中的建筑师，我觉得他是要触摸这些东西。据说，不管多远，西扎都要在做方案的阶段去场地。

胡恒： 现代主义的这个脉络传承，葛明刚才梳理的垂直轴，很质感的一种现代建筑，算是另类么？因为现代主义好像比较普世性，不太具体讲究个人体验、质感。那么精妙、精微的一种质感，就是身体感。貌似只有雕塑家才会这么重视质感的微弱变化和差异，我没做过雕塑，但我的理解是这个样子的。建筑师一般比较大条一点，就像伯拉孟特和米开朗基罗的差别一样。建筑师毕竟还是比较倾向秩序，他们会有一些原则，一些比较精确、明晰或者说对逻辑通畅的追求。现代主义大体如此。他们也有对于极限的自我挑战，但是对逻辑性、对明晰感的追求，应该是主线。那是从帕拉蒂奥过来的一个脉络。但是，按照李华描绘的西扎创作前期的那种状态，我感觉他像一个雕塑家在做着一些准备工作。这算是现代主义的一条特别的线索吗？

葛明： 我简单说说。我非常赞成李华刚才讲的，西扎是一个建筑师中的建筑师，这句话有很多种解释。一种是，你是建筑师，就是要竭尽全力地满足别人的想法、功能，这是非常职业的；在这个之外，所谓建筑师中的建筑师，就是你竭尽全力满足别人，结果还能够保持一种特殊的追求，总是能够在满足别人的同时维持这一追求，这是第二种建筑师中的建筑师；第三种是，我有一个很明确的对某个话题的追求，有了这种追求之后，就不计其余。但他总还希望自己的这种追求能够尽量得到更多人的共鸣，从这两个意义来说，都可以说是建筑师中的建筑师。那么，西扎给人的误解，凸显在实际的地方。有的会认为他过多考虑了别人，有的会认为他其实已经有一个雕塑的空间，然后再设计，而西扎恰恰是这两方面平衡得非常好。这是他作为建筑师中的建筑师的一个例子。比如说看到他片断性的人，看不到他对于类型学一样的基本的认识；看到他空间的一些基本相同的方法，看不到他试图捕捉每一个特定的场地和特定的功能的那一种魅力。就我跟西扎的交谈、接触来看，他在两个方面是均衡的，我想他的魅力来自于他的均衡。这是他个人的一个特点。

第二个特点就是，胡恒那个问题问得非常好。现代主义不管怎么说是某一种理念先行，这个确实是它的一大特色。比如说比柯布他们晚的第二代现代主义大师，鲁道夫、贝聿铭、尼迈耶等等，还是很希望传递出他的某种特性来，这种特性如果没有传递出来，我相信他们会觉得是失败的，因为跟柯布或者密斯或者路斯没有拉开距离。这种特性也是那种理念先行的一个表示，包括丹下健三同样如此。这观念如此强烈，他们是以能不能跟柯布、密斯拉开距离作为理念，而柯布、密斯他们本身是理念和实践均衡的，但是很多人还是觉得他们首先的贡献是提供了一种理念。如果从这个意义上来说，西扎算是第三代人。

胡恒：这个划分蛮好。

葛明：根据年龄，说二代半可能更合适一些。所以在这个意义上，他不可能再去走尼迈耶那些人的道路，他必然要找到自己的一个突破口。这个突破口，一个方面就是刚才所说的，作为他个人来说，建筑师中的建筑师。什么意思？比如现代主义都说相对教条，结果能弄得所有人都觉得好用，那其实也了不起。

胡恒：对。

葛明：类似这个。比如说现代主义建筑中有一些特殊的关于形体的思考，这是无可回避的，那对于形体的思考，我能不能带来新意？所谓形体的思考，以多米诺体系为例，你说这个是讨论的空间还是讨论的板片？这种考虑始终是一个迷人的地方。实际上透明性的某些关键点就在于，他看见板片暗示了的空间，和实际体验到的这个空间，有的来自于那些板片，有的又不来自于板片。现代主义的空间的一个基本特质，就是它的多义性。到了第二代的时候，空间和板片或者那种实体之间的这种多义性，反而丧失了，因为它们要有特征。那我想对于西扎来说，他在现代主义里，如果说有贡献的话，就是又把实体和空间可以互相发生作用的部分给发挥了。这是对第二代建筑师的矫正，对第一代的继承，所以他的空间会充满像歇别墅里的那种暧昧，这种感受他绝对是在乎的。

我们现在讨论透明性，讨论得太玄乎了。加歇别墅的室内照片漂亮无比，如果有人愿意的话，把加歇别墅的室内图片和柯林·罗讨论的东西区分开来，会获得一个极其生动的空间关系。对西扎来说，他没有陷入第二代人中去，也没有陷入柯林·罗他们那种讨论柯布的方式里去，而恰恰是恢复了柯布他们空间里头的……

胡恒：多义性。

葛明：这是他的一个强的地方。所以如果说他是建筑师中的建筑师，还有第三个意思就是他恢复了现代主义建筑开始的那种多义的、动人的地方。

胡恒：水上办公楼有没有这样的地方？

葛明：一个明显的地方，就是这里的一张图片，这个水面的反光，非常清晰地反映了这个意思。这是我拍的，我觉得他们的图片不专业。这种场景，这种感觉是很典型的西扎对待水面的方式，这是他试图要做的效果。

胡恒：你觉得这是偶然出来的一种视觉关系吗？

葛明：我想它是必然的。我想如果柯布来做这个房子，他想要做的也是这件事情。

胡恒：这是一种雕塑空间吗？

葛明：现代主义建筑刚开始的一种梦想，就是画面感。它不同于雕塑的就是它有一种画的效果，一个做雕塑的人很难想象把雕塑做得同时像一幅画一样。

胡恒：立体主义可以做到这一点，这样说的话，那他跟毕加索就可以搭上线了。

葛明：这是一种。他做得好不好是另一回事，他肯定心目中是有一种柯布某种努力探讨的目标在里面，甚至有可能觉得柯布你没有完成的，我帮你完成。看得出来这种努力是他要做的事情。

要有画面感，还要有那种气息，这不是当代的东西，这是西扎身上强烈传递出的基本素养。所以说他是建筑师中的建筑师，我想第三个意义是指，他把他自动地跟历史放在一起。

胡恒：那，室内的这种感觉可能较难出来吧？在这个灰空间的位置上，

155

上图：加歇别墅室内，法国。柯布西耶，1927 年；下图：实联水上办公楼中庭

所谓的空间的多义性容易出效果，有半空间、挑檐，对面还有一个雕塑性的坡道。这类元素多的话，就比较能够产生丰富又奇特的效果。那室内有没有类似可做示范性的位置呢？你们印象中，哪个地方的空间感能够和这张图媲美？

葛明： 这个就要讲到另外一个问题，就是所谓的作为建筑师中的建筑师的第四点。不清楚是什么原因，西扎后来比较喜欢像格拉西（Giorgio Grassi）或阿尔多·罗西这种类型学一样的东西。

胡恒： 他说到过这个？

葛明： 他在学设计的时候也有现代主义早期的东西，也有可能比他老一代的建筑师受到过类似布扎式的训练，比如说对于一个好平面的学习。在这个意义上来说，他的思考虽然跟罗西他们有一个明确的方向不一样，但他比较有意识地使用这种所谓的好平面，再说得简单一点，历史中出现的平面，比如 U 形之类的。而现代主义建筑的先驱者，比如柯布他们，很少有意识地使用一个历史中出现的好平面来作为方案的起点。西扎这一点是非常强烈的，用历史中的好平面的意识在当代建筑师里面也是非常少见的。我自己揣测，西扎对柯布的问题，一方面，比如说是跟毕加索的这种问题，另一个是他跟他所处的时代、罗西他们的问题。虽然不如在意大利是个中心，葡萄牙发展比较滞后，但是对于同一个问题可能也在思考。所以这一点我认为是他当代的一个起点。有的人说后现代开始是当代，我们现在知道后现代是一个笑话。

胡恒： 对，一个美国笑话。

葛明： 西扎的一个当代的起点是套用了好平面。这是他的一个开始。我想套用好平面对他的重要性在于，空间中的对时间、对所谓类型学这些东西的思考，这是他在里头放进去的。这是我自己的一点思考，一个重要观点。

说到西扎追求的画面感。到了后现代的时候也有很多类似的追求，比如罗西也喜欢画画，罗西当然是模仿契里科的那种画法。我相信，西扎同样会受到相同趣味的影响，画作中的那种粘滞感，他也会在意。所以西扎的内部空间做得好的地方，是又有戏剧性的惊险，但是如果把它变成画面，又会是那种比较粘滞的画面，这个估计是类型学通常的爱好。

李华：说起套用这件事，我想起西扎在坐游船看场地时，指着船舱里有点像日式的木格栅的吸顶灯说，"Copy is not a problem. Copy well is difficult."

胡恒：你觉得他是什么意思呢？

李华：这句话可以有两种解读，一种是他对借鉴所具有的一种平衡、现实或者务实的态度；第二种是，创新这件事情在现在跟现代主义时是不一样的，虽然有关现代主义的创新有很多争论，但是在现代主义建筑师的理念里，认为是一个全新的创造。显然，对于纯粹的创新，西扎没有这么绝对的想法。

胡恒：西扎设计的出发点，你谈到不少。我觉得非常重要。但是，有没有终点呢？对一个项目、一个具体的建筑，他的设计要做到的一个终点。他自己有没有设定，你感觉？

李华：我觉得他是有的。

胡恒：平衡不是终点。

李华：平衡是一种态度和一种方式。

胡恒：也是操作的手段。他的成就毫无疑问。既然是大师，那么你觉得他对自己的终点有确定么？

李华：有啊，做一个好建筑啊。

胡恒：这个抽象了一点哦。你翻译的那篇西扎的短文里，他说到英雄主义……

李华：他自己写的那篇《居住在一栋房子里》？

胡恒：对。我对这个词特别有感触，因为西扎在整篇文章里一点英雄主义的味道都没有，就是一个碎碎念的老头子，但他把这个词作为文章的收尾，好像是倒数第二段。我的感觉就是，他潜意识里有这样的一个身份定位，认为自己类似英雄一样的人。从文章看，我们可以说，他在像英雄一样和日常生活的琐碎本质（水管爆掉、窗户破了之类）相搏斗，而且总在失败。那么，有没有另一个潜在的含义，就是，对于艺术成就，对于建筑价值的创造，他认为自己也是一个英雄？或者说，他认为自己在用英雄主义的方式来进行建筑实践？我说到这篇文章，这个英雄主义，是和我前面的问题合在一起的——

作为一位大师，我们都认为他是一位大师，那么，他对自己的价值定位有没有一个比较"英雄主义"的目标？

李华： 做一个好建筑应该是。

胡恒： 做一个好建筑，我觉得跟大师的目的（终点）还是有很大的距离。可能你觉得这个距离不是特别大。但是，我们现在已经认为他是大师，他肯定在创造别人创造不出来的一种价值。好，这个问题我们暂时先忽略掉。

李华： 刚才葛明谈到西扎和柯布，我觉得《重访萨伏伊别墅》实际上就是在说西扎怎么从萨伏伊里看到了自己的建筑观。有几点我印象特别深刻。一个是，他说，萨伏伊是一个不成熟的建筑，很多方面并不完善，比如他觉得这个建筑的样子似乎应该用铝一类的材料来做，而放在底层柱子上的方盒子好像要自己滚下来一样，他画的草图，那是一个很不稳定的建筑。

胡恒： 倒掉？很刺激的。

李华： 不过，他说这些不完整甚至错误又产生了诗意；第二点，是他所说的 transformation（转化），你刚看到一个秩序，又立刻有一个新的元素把这个秩序打破；第三点呢，门房和主体建筑的关系。他说实际上，柯布是把整个场地看成一个空间，而别墅主体是空间中一个具有特定性的东西，门房和主体的关系使整个场地变成了一个空间，也使得小建筑得以占据整个场地。我觉得，其实这是西扎的一个特点，比如实联的大门和办公楼。从这一点上说，西扎考虑的或许不是建筑和环境的问题，而是将环境和建筑放在一块儿想，一起形成了他的空间。建筑是这个空间的一部分。他的水上大厦也是这样，它不是一个物体放在水上。另一个印象比较深刻的是他讲到元素，他说像城市一样，萨伏伊别墅里的每一个元素都有自己的独立性，但是这种独立性又很快地模糊掉。

胡恒： 这个独立性是什么意思？

李华： 比如说柱子，你看到的是这个柱子本身，它具有一个柱子独自的属性，但是它同时又跟其他的元素放在一起，于是这种独自的属性就被消解或转化，所以它是有一个变化的关系。

葛明： 这个也就是不同于雕塑的地方。元素对雕塑不重要，而西扎的建筑中元素是独立的，所以他的空间不是雕塑空间。这是一个重要的区别。

胡恒：你们觉得水上办公楼做得最好的部分是哪些，除了你刚才讲的那个位置之外？或者换句话说，你说的元素的独立和组合，在这里做得比较妥贴和完美的地方有哪些？我们是 8 月份看的这个房子，差不多有三个月了吧？现在再回忆一下那个房子，你感触最深的是哪里？

李华：你感触最深的是哪里？

胡恒：我觉得后面通到厂区的那条副道，是一个非常有伸展性的空间。它对着的那排机器塔楼很棒，而且那个地方感觉是没做完。我不知道是西扎自己没做完，还是施工没完成，因为那条路跟建筑的接口处有一堆垃圾。这么干净纯洁的建筑居然有一个脏的地方，我印象很深。

李华：我对从外面进来，从门厅到咖啡厅一直到餐厅的那一片，印象比较深，可能在那儿待得时间比较多吧。一层的办公部分印象也比较深，它未必是西扎的空间中最好的，但能将办公楼做到这么好，实在难得。

胡恒：葛明呢？你比较在意的是什么？

葛明：我特别在意的是，这么长的一条房子，本身怎么组织得起来的问题。按照我写的那篇《西扎的空间方法：可以言说之处》，这里有很多长空间，长了还要变长，怎么去调节，怎么做必要的打断，可以说像一个钟一样，有些空间在这个钟摆里头，不断运动，所以导致这个长的东西不是枯燥的。我在那里看，主要是看这个。还有刚才那张照片，让我很吃惊。

胡恒：有点出乎你的意料？

葛明：还是很佩服他的。因为他需要一个概念，再用朴素的、非常熟练的尺度技巧才能够做得到，否则有这个概念也没有意义。

胡恒：那倒是。

葛明：这个是极为熟练的尺度技巧。其实这两点应该说是一个整体。我印象最深的，就是你待在那里还能待得住。比如说这个画面只是能拍照，人本身待不住，坐在那儿马上就要走的，那也没有什么意义。

而我能坐在那里，坐上好一会儿看这个建筑，这个本身是很难的。

胡恒：这两点是最难做，但不也是建筑最基本的东西吗？没有那么多特殊的手法创造出惊奇感。他靠最朴实、最简单的尺度控制，就让一个空间能让人长时间停留，这很厉害。

葛明：对现代主义，平面是极其重要的，但是现代主义的平面没有参照，而西扎的平面是有的，这是他跟经典现代主义不同的地方。尼迈耶他们的平面，没有参照的平面更多一点；西扎这种有参照的平面，对我们来说更不好学，但从另外一个角度也更好学了。你学了他，那么你的平面一旦有机会，很多东西就可以有一点依据，否则的话你很难有差别。

胡恒：我们这次对话有一个很重要的核心，就是当代性问题。当代性当然离不开中国语境，我们现在是在中国语境里谈论西扎。我的问题是，在水上办公楼里，西扎关于中国语境的思考达到什么程度？只说他了解这个地方的一些质感、触感，然后就开始做设计，我觉得有点不够。中国是一个比较特殊的场域。他来了那么多趟，对中国语境的认知如何？他有没有通过这个建筑表现出这种认知？

李华：我不觉得这是一个问题，或者我从这个建筑上没有看到这一点。我想对西扎来说，不是为当代中国做一个建筑，他第一个想做的是，做一个适当的好的办公楼，而这个办公楼是有特定的条件的。在设计介绍的演讲里，西扎说因为这是工厂里的办公楼，所以他要体现出它所扮演的角色。这回答了我当时在现场的一个疑问，就是建筑有一点点后现代的感觉，比如不同空间里墙裙的使用，重要空间里柱础的使用。

胡恒：柱础？

李华：这个感觉在餐厅和二楼走廊尤其强烈。餐厅采用的是高墙裙、柱础突出的做法，加之中间部分抬高的体量及与周围环境的关系，让餐厅有一种品格，与一般的办公餐厅或靠装修做出来的豪华餐厅完全不同，有一个建筑的高潮在里面。我们曾在餐厅入口那儿说的，那个柱子在入口的中间，人从两边进，有一点怪异，有一点不习惯，而那一点不舒服和入口的压低与厚度，又在提示你空间的转换，蛮微妙的。说他要把它做成一个回应当代中国状况的建筑，我不觉得

实联水上办公楼餐厅入口

是这样。

胡恒：对他来说，在这个地方做房子，跟在韩国啊什么地方做房子，是差不多的吗？他的基本态度不会有什么特别的变化？中国的气场蛮特别，你要想不被它影响，就只能去影响它。完全置身事外，我觉得比较困难。作为一名欧洲建筑师，他对待像韩国这样的地方完全是一种俯瞰姿态，简单说就是我的气势笼罩于你，你只能接受，所以他觉得韩国那个项目做得特别舒服，无非是因为韩国甲方对他极度遵从，予取予求。在中国，我觉得不可能是这样。

李华：这个可能葛明更有发言权，因为他还接触了西扎在中国做的其他设计。

胡恒：对，葛明对西扎另外几个中国的房子比较熟悉。他对中国语境有没有一些特殊感觉呢？或者说，有没有变化？毕竟已经在这边混了好几年。

葛明：我先回答那个问题，这是我今天要讲的主体，西扎的当代特征在哪里？一方面就是物体和建筑之间的平衡度问题，这是他的重要贡献。他在这两个之间找到了既给物体以帮助，也给建筑以帮助的点，然后两个互相借用。这在我看起来是比较当代的。如果说这个东西非要有一个源头，就是路斯说的，这个纪念碑是建筑。这句话可以有太多的说法，但是这个喻象对于路斯来讲也是重要的。这是路斯的一个大的命题，在任何时代都可以有不同的解读，但西扎是当代的，他用他的方式回应了路斯的这个命题。第二个是对于沉默和有表情，这个在我看起来也是比较当代的。

胡恒：怎么讲？

葛明：反对沉默，是海杜克他们的一种努力，是这一批人都会有的特质。西扎作品中不好的地方，变成了后现代的某些部分，但是他大部分的建筑又摆脱了后现代这个坑，就在这个沉默和有表情之间。这是比较重要的，是一个非常有意思的地方，是我们将来可以作为遗产来说的。当然这个沉默和有表情，牵涉到他所用的材料，就是白颜色。我一直是很乐观地去判断他对白的使用是经过深思熟虑的，因为白就是一种石膏嘛，石膏就具有各种可能性。他使用白的方式是当代的，这个跟以前的白不太一样。

胡恒：不一样？

葛明：当然，是当代的不见得就比以前的好，以前的不一定就达不到当代所要达到的状态。但是这一点，他是毫无疑问的。当然这个白对于物体和建筑之间的平衡也是有关联的，这就是我为什么花那么多篇幅写这个白，因为它对前两个话题都有作用。

第四条就是西扎从路斯、阿尔托、柯布那儿各学了一点东西，比如说阿尔托的瞬时性，抓住自然形态的瞬时性，柯布的秩序刚刚起来，又开始了另外一个。既可以从贬义来理解，也可以从褒义来理解。对西扎来说，他把这些东西有效地转变成一种碎片化，因此比较容易一个秩序开始又一个秩序，碎片化容易抓住一个瞬时，容易出现场景，因为路斯的房子场景感是很强的。我用体积法说他的房间群，但是最后做得好坏，还得衡量能不能出现场景感。所以，在这个上头，包括我刚才说的画面，一方面跟柯布的画面追求是一样的，另一方面也可以把它理解为这种碎片化以后的一个刻意的结果。这个碎片化可以理解为像画画一样，但碎片化总是要有着落的，有的人把拼贴也看作是碎片化，但是按照我说的日常生活，这种碎片化可以理解为一种空间性和地点性的特殊的博弈。这是他的一个巨大贡献。所谓空间性和地点性的博弈是什么意思？比如说，这个人死了，给他一个墓碑，是为了给他一个补偿，一个地点，结果它散发出了一种空间。这一点我觉得是当代的，也正因为这一点，我非常推崇西扎的《居住在一栋房子里》，它最充分地表达了西扎在当代的贡献。

概括起来，西扎的当代，表面看起来是物体和建筑之间的，是沉默和有表情之间的，内核在于找到一种材料，找到一种特殊的组织方式，就是刚才说的空间和地点化的特殊方式。这四个，是西扎的贡献。但是反过来，西扎没做完的事情是，这几种方式都使他能够使空间密度增加，所以产生出人意料的效果，因为物体产生的和建筑产生的不一样的空间的叠加，有表情无表情的叠加，这种白得像石膏一样的方式的叠加，所以密度很高，但是密度追加了以后，我揣测他没有想这个事情，就是我说的空间稠度，不够精深。就是那种黏性不够。

简单地说，成也白，败也白。当他的白不谨慎的时候，都不太好。

胡恒：他在杭州那个房子也是白的吗？

葛明：不是，那个用的是红色石材。他说，王澍做的是砖，他不做砖，因为在欧洲砖是一种比较便宜的感觉，他要用石材。

你那个问题，对中国来说西扎的最大意义，我觉得有两点，一是虚的，空间的重要性；二是建筑群如何设计。

胡恒：有没有建筑师对这个命题有过见解？

葛明：西扎对建筑群方面的贡献是毫无疑问的，太值得学习了。

胡恒：柯布在这方面没有给过我们一些启示？

葛明：柯布的很难说叫建筑群。

胡恒：你觉得这个概念已经达到理论高度了吗，就设计手法来说？

葛明：他的很多房子，简单地整理一下就可以成为一个理论上的建筑群。建筑群里头，因为群比较重要，建筑与建筑之间的那个空本身要很有意义。那个空的意义丝毫不输于内部，这个需要更高的技巧。

胡恒：你觉得实联这个房子能够体现出建筑群技巧么？

葛明：还没有，它是相对简化的，只是一个长条房子的处理。在中国美院的那个房子是典型的建筑群的做法，一种让人看了头晕目眩的平面组织。

胡恒： 他在欧洲那些项目里经常用到这种手法么？

葛明： 经常用。他熟练地使用这种方法。

胡恒： 那这算是西扎对现代建筑史的一个贡献了。

葛明： 从某个角度来说，是他将来可以被传下来的一个贡献。当然，如果没有罗西他们的贡献，根本不可能有建筑群这种概念。

李华： 有道理。葛明，能不能说建筑群是 60 年代之后，就是罗西他们兴起之后的一个新概念？

葛明： 我认为是的。

李华： 我觉得这个"建筑群"更像是你的发现。西扎可能是无意识中这么做，比如有一块就显得密度很高，另一块又比较放松。他可能更多是靠直觉或经验。

葛明： 直觉。我理解他是在物体和建筑之间来回平衡。

李华： 说到西扎的当代性，我对你刚才提到的那篇小文章《居住在一栋房子里》，评价特别高。那篇文章是 1994 年写的，正好库哈斯的《通属城市》（*Generic City*）也是那年写的。

葛明： 所以它们并列了。

李华： 对，我觉得是相比肩的两篇文章，但是有点像当代建筑学的两极。有趣的是，他们俩都把所有的东西看成是一个不断变化的过程，没有一个静止的完美的点，只不过两个人是在不同的尺度上谈论这种动态性。两个人的态度也完全不同，西扎不光是细节，而是把这个过程看成一个挺有触感的生命的转变，而库哈斯更戏谑，保持距离，不去触摸它。在这一点上，他们和现代主义还是有很大的不同。但西扎对于稳定性的部分，还是会有一种抵抗的拉伸力量。

葛明： 完全赞成。我觉得西扎的空间很好，但空间的稠度，这个词有点抽象，还不够。从具体手段上来说，原因之一是结构考虑不够，在我看来这是他的一个弊病，因为结构本身是能够产生稠度的。举个例子，包裹能感受到的空间和这个结构产生的空间叠在一起，就非常有意思。虽然片断用的办法非常多，可是那是统一的，有一种就够了，结果你有很多可以让空间叠合的机会，但是总不如我有一个包裹我的空间和背后的一个结构本身能产生的空间这么直截了当。

李华： 你这个解释得很清楚。我理解你说的空间的稠度，实际上是说，那种异质性所产生的拉伸的力量（tension），因为墙的包裹是一种，结构又是一种，实际上它们之间有竞争，又多重，使空间的力量被加大了，然后意义也被丰富了，是这样吗？

葛明： 是的。

李华： 我非常同意你曾说的，西扎对于中国的一个意义是在于空间的研究和深入上面。

胡恒： 我们最开始讲到，西扎来中国来晚了，应该再早几年。对吧？

葛明： 早个 20 年就更好了。

胡恒： 有没有可能那个时候条件还不够，现在其实正合适？虽然我们对现代建筑的理解还比较粗糙，但也算是有一些了解了。另外就是建造条件，还有业主跟甲方对建筑的尊重。这些在早些年就更差了。

葛明： 还是太晚。

胡恒： 是不是对西扎本身来说，太晚了？

葛明： 十年前西扎能做得更好。

胡恒： 现在一下子做那么几个，也算不错了。再晚几年，可能都没机会，来一趟中国那么辛苦。这是有三个了吧？在杭州一个，还有……

葛明： 宁波一个，淮安一个。宁波有一组房子，可能明年可以造了，过两三年基本上都可以建成了。

胡恒： 问一个比较幼稚的问题：你们觉得西扎有没有可能哪一天做一个黑色的房子？

葛明： 有可能。小小的。

胡恒： 小小的？他自己有没有关于颜色的阐述？他这种比较敏感的建筑师，对色调应该是有一些喜好吧？我这个问题很外在了。

葛明： 你如果有兴趣的话，可以看一看他跟德·莫拉在威尼斯做的一组像雕塑一样的东西，那个挺能表达我说的物体和建筑之间的关系。

胡恒： 他在其他的建筑里有没有用过这种雕塑？

葛明： 也用过一些。但是他用雕塑跟贝聿铭他们态度不一样；他的雕塑看上去就像是一个人。他的灯，所有的东西都感觉像是人，跟人有关的玩具，是增加表情用的，造成一种魅影的东西。

胡恒： 比较柔软，人性化的那种？

葛明： 你回忆一下他在实联里的那些东西，他的椅子啊什么，都带有一点淘气。那都是人，特殊的人。在我看起来，这是他对于白的一种延续，所以他的雕塑都是人，不是雕塑。他在实联入口的那个雕塑，都是人的形状，这是他掌握了一个无与伦比的尺度以后的自信。所以，他特别好的一个地方就是，所有的东西都能处理成人。这是他的贡献，雕塑和建筑的结合。

李华：我记得你那篇《西扎的空间方法》没写完，应该还有下半部分？

葛明：对，下半部分是写空间的密度和稠度。今天我只是讲了一个部分。

李华：我觉得西扎还是有一定的古典性的，比如他对墙裙、柱础的处理，实联大厦二楼走廊，落在宽的栏板上设半高的立柱，立柱还带了柱础等。这种古典性，在罗西的米兰加拉拉泰斯集合住宅上也有。

葛明：太像了。

李华：后来我发现这个走廊与外部的关系，罗西也有过类似的处理，尽管不太一样。在加拉拉泰斯集合住宅里，罗西通过那些处理使一个集合住宅具有了仪式感，有某种仪式性在里面。

胡恒：我发现真正的遗憾是什么了，是罗西没有在中国建一个房子。

葛明：是不是下次我写一篇关于西扎的现代性和当代性？把他跟现代有关的事情梳理一遍，跟当代有关的梳理一遍，这样也能比较清楚地区分出他的那种东西来。

胡恒：对，一般的读者，如果对他的房子不是很了解，还是需要一个比较好的铺垫。这个工作，应该由葛明来做。再说，我们对话最开始提出的对西扎的误解，就在于这一块空白，在于他的个人建筑史谱系从来没被好好地梳理过。

葛明：最大的误解，恐怕还是把他当作一个地域建筑师来理解。

胡恒：地域误解是个显性状态，你那个空白是问题的本质所在。我们就等着你关于西扎谱系的文章。

167

西扎与卡洛斯和实联水上办公楼的雕塑

图书在版编目（ＣＩＰ）数据

不分类的建筑 . 2 / 胡恒著 . -- 上海：同济大学出版社，
2015.10

（当代建筑思想评论 / 金秋野主编 . 第 2 辑）

ISBN 978-7-5608-5852-4

Ⅰ . ①不… Ⅱ . ①胡… Ⅲ . ①建筑艺术－艺术评论－
世界－文集 Ⅳ . ① TU-861

中国版本图书馆 CIP 数据核字 (2015) 第 118461 号

不分类的建筑 2

胡恒　著

出品人：支文军
策划：秦蕾 / 群岛工作室
责任编辑：杨碧琼
责任校对：徐春莲
封面设计：typo_d
内文制作：左奎星
版 次：2015 年 10 月第 1 版
印 次：2015 年 10 月第 1 次印刷
印 刷：上海中华商务联合印刷有限公司
开 本：889mm × 1194mm 1/32
印 张：5.5
字 数：148 000
ISBN 978-7-5608-5852-4
定 价：42.00 元
出版发行：同济大学出版社
地 址：上海市四平路 1239 号
邮政编码：200092
网 址：http://www.tongjipress.com.cn
经 销：全国各地新华书店

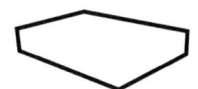

光 明 城

LUMINOCITY

"光明城"是同济大学出版社城市、建筑、设计专业出版品牌，由群岛工作室负责策划及出版，致力以更新的出版理念、更敏锐的视角、更积极的态度，回应今天中国城市、建筑与设计领域的问题。